Martech實戰聖經

Darrell Alfonso
達雷爾·阿方索——著
羅亞琪——譯

**不再浪費行銷預算！
自有數據×精準投放的關鍵利器，
為你找到真正客戶、獲取更高營收！**

The Martech Handbook

CONTENTS 目錄

第一章 進入Martech時代！

◇◆◇

拜行銷科技（Martech）所賜，我有一份很棒、成果豐碩又充滿刺激的工作。我敢說每個地方的頂尖專業行銷人員都是如此，他們因行銷科技得以創造出驚人的行銷價值。

我在二〇一〇年第一次進入科技新創公司工作時，首度接觸行銷科技，該公司當時正推出並販售一款軟體即服務（Software as a Service, SaaS），協助其他公司透過新型的數位通路與客戶互動。當時，我並未當成行銷科技，在我看來只是使用軟體、科技和平台幫助公司成長。

但是，我後來對行銷和科技變得如此密不可分感到很有興趣。如同其他許多在新創公司工作的人，我曾接觸數百位客戶，從小公司到大企業都有，我很快就發現，越了解行銷，越能看出如何運用科技做好行銷。今天的數位經濟越來越清楚證實，我們再也無法分開看待行銷與科技。

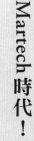

今天，我們絕不可能把行銷孤立出來，卻不談客戶與品牌互動時體驗的所有數位通路和接觸點，這會讓行銷變得抽象，缺乏把行銷變成現實所需的一切實際事物。反過來說，單獨思考科技也有問題，因為你會遺漏人類創造有意義的客戶體驗（Customer Experience, CX）時，帶來的所有策略和創意價值。少了創意的科技與使用效能不彰的能源裝置一樣，輸入十個單位的能源，輸出卻可能只有兩個單位，但是若把兩者結合——創意與數位、策略與自動化，即可創造驚人的價值，這就是我熱愛行銷科技的地方。

我在行銷和行銷科技領域已經工作好幾年，起初是在新創公司與中型企業，後來轉職到現在這家全世界最先進的機構之一。在每份工作上，我都運用行銷科技提升客戶體驗，產生可見的商業成果。在小型公司裡，行銷科技能幫助公司快速獲得新客戶，讓團隊變得敏捷，並持續測試新策略，以實現最佳化，極盡所能獲得最佳結果；在中型企業裡，行銷科技有助鞏固公司的地位，透過連結銷售、行銷和客戶成功等不同的團隊，持續讓收益成長。行銷科技可找出最有效益的軟體，教你持續為客戶帶來驚喜、討好客戶；在大型企業裡，行銷科技能協助數以千計的員工，透過可擴充、有效率又遵循法規的方式，在世界上各個地區為客戶創造價值。

不意外，世界上各個地區的各行各業，都出現行銷科技的爆炸性成長。我經常想起行銷科技部落格*ChiefMartec*創辦人史考特·布林克爾（Scott Brinker），在二〇一六年的一場行銷科技研討會上，首次介紹行銷科技五千（Martech 5000）的回憶。行銷科技五千是一張圖表，顯示五千多個不同行銷科技公司的商標。與會者從世界各地前來，想成為最早看見這張新圖表的人之一，你可以感受到整個會場的興奮之情，行銷人員紛紛搶先用智慧型手機拍下圖表，張貼在網路上給家鄉的同事看。

行銷科技五千圖表（截自二〇二一年為止，已擴展成行銷科技八千），見證行銷科技的成長與力量，也證實它為公司和客戶扮演的角色。不過，行銷科技是怎麼走到這一步的？行銷科技從何而來，又怎麼會變得那麼受歡迎？

◆什麼是行銷科技（Martech）？

簡單來說，行銷科技結合「行銷」與「科技」這兩個詞彙，是指有助行銷人員達成目標的任何數位平台或工具。行銷科技的目標通常是吸引、接觸、轉換和取悅客戶，有很多特定的行銷科技平台可以支援這些個別目標。

假如一家公司擁有多款行銷科技工具和平台，彼此互相整合運作，這種科技的集合就稱為「行銷科技組合」（Martech Stack），有時簡稱為「科技組合」。

舉一個實際的例子，行銷團隊可以使用廣告平台，在不同的通路宣傳內容，經由這些廣告開發出來的潛在客戶資料（lead），會被儲存在行銷自動化平台（Marketing Automation Platform, MAP）及客戶關係管理（Customer Relationship Management, CRM）平台。行銷自動化平台可用來推行潛在客戶培養活動，與潛在客戶進行互動，把他們轉換成消費者。此外，客戶忠誠平台（Customer Loyalty Platform）則會自動找出方法獎勵最忠誠的客戶。這個例子的行銷科技組合，便包括廣告工具、行銷自動化平台、客戶關係管理平台及客戶忠誠平台。

◆行銷人員使用的科技工具，都屬於行銷科技嗎？

一份在LinkedIn上進行的調查顯示，在六百五十四位行銷人員中，有四一%的投票者表示，行銷科技是指行銷團隊擁有或管理的任何工具。（本書提及的LinkedIn調查全在二〇二一年十二月進行，投票人數不一，但都包含行銷科技方面的專家、負責人和領導階層。）

我們可能很容易把行銷團隊為了完成工作使用的任何工具，都歸類為行銷科技。例如，一般的行銷人員會使用Microsoft Outlook和Slack與團隊溝通、PowerPoint和Adobe Photoshop製作簡報，以及Microsoft Excel或Google試算表（Google Sheets）進行分析。此外，行銷人員所屬公司還會有一些在後台執行的軟體程式，行銷人員會用到，但可能不自知，如防毒軟體、單一登入系統（Single Sign On, SSO）、虛擬私人網路（Virtual Private Network, VPN）管理系統及薪資管理服務等。然而，上述這些軟體和行銷科技之間存在一個關鍵的差異，就是各個領域的任何人都會使用這些工具完成工作，因此把這些工具歸為行銷科技沒有什麼價值。

本書探討的行銷科技，大部分都是專門為了服務行銷人員研發的科技；也就是說，這些平台的主要預期使用者是行銷人員，但由於行銷科技和銷售、營運、財務、客戶成功等公司的不同部門密不可分，因此也會深入認識那些行銷人員不可或缺，但主要目的不見得是為了服務行銷活動的科技產品。

如前所述，行銷科技有許多使用案例，市面上目前有數千種工具。為了對我們怎麼走到這一步有扎實的認識，先來看看行銷科技的歷史。

◆不同時代的行銷科技

如果把行銷科技想成協助行銷人員更有效能和效率完成目標的工具，行銷科技其實已經存在許久，尤其是把類比科技（也就是非數位科技）也納入考量的話：印刷機讓行銷人員可以將訊息印製在數百萬本雜誌中流通，觸及全世界的消費者；攝影機讓品牌可透過家庭電視機，把代言人帶到大眾面前；在行銷測量方面，我認為計算機大概是有史以來第一個對行銷真正有幫助的工具，讓行銷人員可以更好記錄與追蹤行銷成果，並製成表格。

依循這樣的思維，看看不同年代的行銷科技。

一九七〇年代，大部分消費者還沒有每天使用網路的習慣，因此觸及他們的唯一方式，便是透過印刷品和傳統廣告。電腦問世後，行銷人員會用電腦整理受眾名單，想像一下你要找出住在某一州、具備某一社經地位、子女不只一個的女性有多少人，再把這些和她們的郵寄地址進行交互參照就能明白。此外，電腦讓行銷部門可以記錄、計算這些努力的成效，向公司分析回報。

一九八〇年代，科技大量轉移到數位型態，但是和我們今天所知所愛的數位科技不同，這個時期的行銷科技以活動經理與銷售自動化為主軸，開始可以看到程式和軟體被用來管理電話行銷與忠誠計畫。一九八〇年代還出現試算表（Microsoft Excel的前身），行銷產業的統計分析開始快速改善。

一九九〇年代，消費者終於開始使用網路，電子郵件被用於私人和商業用途，與今天的功能有些相似，而電子商務和網路行銷也漸漸興起。然而，這個時期的行銷科技和今天相比並不怎麼令人興奮，包括電子郵件行銷平台、網站分析、搜尋引擎最佳化及基本的歸因平台。

在二〇〇〇年代的這十年，行銷科技真正跨出一大步，許多重要平台都在這段時期創立。行銷自動化（行銷科技最大也最能定義行銷科技的類別之一）的狠角色在這個時期建立了，包括Marketo、Pardot、Hubspot和Eloqua，全都在此時問世，並且快速成長。除了這些主要的平台外，社群媒體和內容行銷平台、影音行銷工具、客戶資料平台（Customer Data Platform, CDP）、數位資產管理（Digital Asset Management, DAM）及預測分析等也開始興起，後面都會提到。

二〇一〇年代，前述提及的所有類別都有進步，還出現完整的歷程編排平台和許多進階的人工智慧（Artificial Intelligence, AI）策略與戰術，如機器生成內容、人工智慧工作流程和個人化。

現在來到二〇二〇年代，我們開始看見許多行銷科技工具與平台進行合併。行銷自動化、資料管理和客戶體驗等較大類別，構成大部分的行銷科技組合。許多類別都出現端點解決方案（只提供單一主要目的或功能的工具），之後再併入大型平台。

回溯完各個年代後，讓我們深入探討行銷科技越來越受歡迎的原因。

◆消費者的數位習慣

我從小就很喜歡閱讀（現在也一樣），書籍、雜誌、報紙等任何你說得出來的刊物都愛看，這是我偏好的資訊吸收方式。雖然我還是很愛看書，卻無法否認吸收資訊的方式確實改變了，儘管從我的童年到成年只經過短短的時間。

現在最即時的新聞來源是社群網站，我們會從推特（Twitter）、Instagram或臉書（Facebook）得到最新消息，張貼者可能是記者、最喜歡的名人或其他任何人。提到短篇報導，現在最受歡迎的媒介是播客，Apple Podcasts、Spotify和Amazon Music都有串流節目。至於老派的書籍，我現在有九〇%的時間都使用電子閱讀器閱讀或聆聽有聲書。現在回想，的確可說資訊的吸收方式已經遭到顛覆。

不久前，我們的曾祖父母只能透過日報，或當時寥寥幾個廣播電台或電視頻道接收資訊，因此那時候的行銷相對單純，只要創造一則廣告，在消費者能夠關注的幾個通路播放或刊登即可。但是今天的情況很不一樣，觸及消費者是全通路的事，而全通路是指在所有可能的媒介和接觸點與消費者交流，包括廣告看板、店內展示、網站、社群媒體、應用程式等。由於消費者現在吸收資訊的方式以數位為主，行銷人員必須同心協力使用多種科技，來創造、推動和測量行銷。

以投放一則社群媒體廣告所需付出的努力為例，行銷人員可以使用像Canva這樣的線上軟體即服務設計工具，製作廣告的影像和文案。接著可以登入臉書的廣告管理員，辨識目標受眾（Target Audience）、決定廣告花費。發起活動後，行銷人員可以登入Google Analytics，比較平均流量和轉換，還有這次社群媒體行銷活動獲得的新瀏覽紀錄。這個簡單的行銷活動流程例子顯示，在數位平台和客戶互動時，行銷科技參與許多過程。

簡言之，自從電腦螢幕發明後，觸及消費者的方式越來越往數位優先的現實邁進，行銷被迫跟著演進。今天，行銷人員除了廣告看板和全國性電視廣告外，還要為所有的數位通路研發創意，跟著消費者一起縱橫網路。由於資訊幾乎完全是以數位方式吸收，便導致行銷科技受到普遍採納、使用和興起。

◆企業的數位轉型

現在想起以前的辦公室員工上班前，必須用實體卡片打卡，就覺得很有趣。還有大家都很害怕犯錯時，會發現像電影《上班一條蟲》（*Office Space*）那樣的改正備忘錄出現在辦公桌上，那是多久以前的事了？

這些過時的東西雖然好像來自遙遠的時代，但大部分公司其實在十到十五年前都還是這樣運作，這些看起來明顯就是數位科技的使用案例，但要變成「數位優先」其實很困難，對擁有數千名員工的大型企業來說尤其如此。當公司把類比活動轉移成數位活動，就稱為「數位轉型」（Digital Transformation），過去幾年來，這是很受歡迎的趨勢。

但這並不容易，以福特（Ford）和奇異（General Electric, GE）這兩個品牌龍頭為例，投資超過一兆美元推動數位轉型，結果卻以失敗收場，只好恢復傳統的業務營運方式[1]。

雖然困難重重，但是大部分公司很快就發現，轉型成數位企業的價值遠遠大於實行的成本。團隊可以獲得公司各面向最全面即時的報告，帶來有需要時快速進行軸轉或修正路線的敏捷度。此外，數位營運讓公司可輕鬆回顧歷史表現、結合資料來源，並做出複雜的分析和模型，判斷將來的決策與投資。

以下列出幾個和目前企業數位轉型有關的統計數字[2]：

- 全球數位轉型市場預估將從二〇二〇年的四千六百九十八億美元，成長到二〇二五年的一兆零九十八億美元，而這段期間的複合年均成長率（Compound Annual Growth Rate, CAGR）則是一六．五%。

- 經過數位轉型的組織預估將在二〇二三年以前，占全球國內生產毛額的一半以上，總計五十三兆三千億美元。
- 全球國內生產毛額有六五％，預估將在二〇二二年以前數位化。
- 七〇％的組織已經具備或正在擬訂數位轉型策略。
- 工業公司因為數位轉型受益最多。
- 五五％的新創公司已經採納數位企業策略。
- 三八％的傳統企業已經採納數位企業策略。
- 八九％的公司正在計劃或已經採納數位企業策略。
- 排名最前面的數位企業策略採納者，包括服務業（九五％）、金融服務業（九三％），以及健康照護業（九二％）。
- 三九％的主管階級期望在三到五年內透過數位轉型獲益。
- 二一％的北美和歐洲公司表示已經完成數位轉型。

◆行銷科技的運作方式

在深入認識行銷科技和它能做到的一切前，應該先站在高處認識行銷科技於組織內的典型運作方式。首先，行銷人員和相近部門的同事會向軟體供應商購買行銷科技，合約通常是以軟體即服務的訂閱形式呈現，公司要每月或每年支付訂閱費用，才能在線上使用服務。不同的行銷科技平台可以統合或分開使用，每個平台的整體連結性、策略及用法不盡相同，非常仰賴行銷科技部門的策略、人才和預算。

專業的行銷團隊會整合不同行銷科技平台，也就是他們懂得要如何配置行銷科技組合，才能讓資料在多個系統之間順暢移動。在理想情況下，行銷科技組合的配置應該雙向同步，意即資料在多個系統中應該持續更新、保持一致，提升資料品質。行銷科技組合如果設計得當，就能讓團隊領先其他必須花時間手動清理和處理資料的團隊。整合行銷科技平台也能減少技術負債（technical debt），不會因為運用多項科技的方式無法維持長期成效，衍生各種問題，到最後為了修正問題而累積許多工作事項。

並非所有團隊都如此幸運，許多公司的科技組合有著程度不一的相互連結性，其中有的平台更是完全孤立，這會帶來額外的工作，包括手動匯出／匯入資料、清理資料試算表、解決多個資料庫之間的差異等。

無論行銷科技組合的相互連結性有多強，公司一定會有一個正規或非正規的行銷科技團隊，負責持有和操作科技組合中的各個組成。在第八章會談到職位與職責的部分，現在只要記住，每個行銷科技平台都需要贊助者、擁有者和操作者，可以是團隊裡不同的成員，也可以是同一個人。

◆行銷科技產業大爆發

可以用來形容行銷科技產業的詞彙，包括刺激、驚人、快速成長、有點難以招架。二〇一九年，Clickz估計行銷科技在北美和英國的市值為六百五十九億美元，全球市值則為一千兩百一十億美元[3]。以成長速度來說，在二〇一一年原本只有一百五十個行銷科技工具存在的產業，到了二〇二一年暴增為八千多個，行銷科技產業呈現大爆炸，可以在*ChiefMartec*的網站（https://chiefmartec.com）找到那八千個工具。

如圖1.1所示，行銷科技產業的每個組成都在不斷演進，推動這個產業：

一、競爭

雖然這個趨勢讓世界各地的行銷人員，特別是負責銷售行銷科技服務的行銷人員興奮不已，但決定應該使用哪些行銷科技工具時，會滿令人無力。這個產業的競爭也極為激烈，許多類別都有數十種功能和定價幾乎一模一樣的工具。先來看看行銷科技五千資料庫，它是公開免費的，列出市面上絕大多數的行銷科技工具。在「內容與體驗」（content and experience）這個類別下的子類別「電子郵件行銷」（email marketing）中，總共有兩百二十三家公司的工具可供選擇。在我很榮幸使用過的工具中，知道Mailchimp、Constant Contact、Campaign Monitor及Emma，全都有非常能互相媲美的月繳和年繳方案可選擇。所以，你該選哪一個？

二、類別大小不同

行銷科技產業還有一個有別於其他產業的特點，就是有些類別扮演的角色比其他類別大上許多，往往占了較多行銷科技預算，包括電子郵件行銷、行銷自動化及資料管理。假如是影音行銷和網紅行銷工具等較小類別，行銷團隊願意付的錢就會少很多。舉例來說，「行銷自動化」這個類別很龐大，一年通常要付出六位數以上的成本。由於這是一個較大、較成熟的類別，現在主要由大型軟體公司主導，該領域的主要玩家有Adobe旗下的Marketo、Salesforce旗下的Pardot、甲骨文（Oracle）旗下的Eloqua，以及IBM旗下的Silverpop。

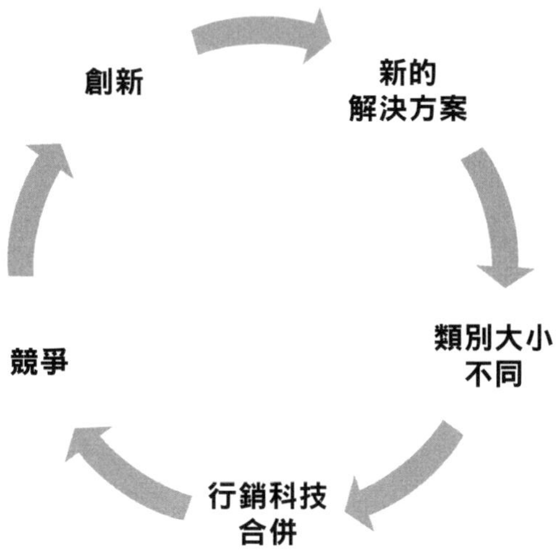

圖1.1　行銷科技產業驅動因子

三、行銷雲端的興起

寫下這段文字的期間，Adobe、Salesforce和甲骨文等大型軟體供應商，正努力建置「行銷雲端」。行銷雲端是指由同一家公司持有的一套行銷科技平台，可滿足不同的行銷需求。雖然你不見得要從同一個入口登入，才能使用所有的服務，但行銷雲端帶來的額外好處是，不同的服務之間有更好的相互連結性，而且只需要和供應商簽訂一份合約，時間會證明最終是否將出現一個主要的行銷雲端「主宰一切」。

四、不斷推出新的解決方案

行銷科技版圖有一個令人興奮的特色，就是由於數位持續在顛覆行銷和整體商業市場，總是有新的類別與平台不斷問世。許多新平台只提供幾個功能和好處，但相對便宜、可快速實踐，能為行銷團隊帶來立即的價值，甚至還有很多平台屬於「端點解決方案」，只提供一個主要的商業價值，像是被Terminus併購的Sigster，便專門協助行銷人員在員工的簽名檔置入廣告。UTM.io是另外一個例子，唯一的用途是幫助行銷人員整理UTM參數。端點解決方案雖然能讓行銷人員快速完成事項、節省時間，卻可能導致行銷科技組合的組成越來越多，難以管理與治理。

◆行銷科技的風險

行銷科技看起來好像很夯，並且確實能幫助行銷團隊提升效能、快速擴充，但也經常出現一些常見的問題，這些隱藏危機可能出現在任何規模的行銷團隊，不論資歷深淺：

- 添購太多工具。
- 新奇事物症候群。
- 未充分使用的閒置軟體。
- 講求功能導向而非策略導向。

一、添購太多工具

一份在LinkedIn上進行的調查顯示，在超過一千位行銷人員中，有五一%的投票者表示，行銷科技現在最大的挑戰就是工具太多、策略太少（圖

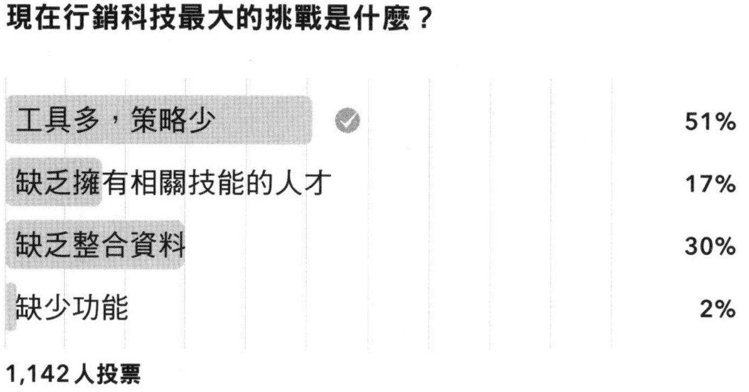

圖1.2　LinkedIn票選結果

1.2）。

行銷科技（尤其是今天的行銷科技）的一大誘惑，就是什麼東西都有自己的工具。行銷人員遇到的問題，大部分都可以在市面上找到相對應的端點解決方案。有那麼多工具能選擇，再加上科技變得越來越先進、價格容易負擔，我們很容易會想要買下全部的工具，協助完成工作。這個策略的問題在於，情況很快就會失控，造成策略不一致。更糟的是，因為使用許多不同的平台與客戶互動、測量他們的行為，消費者可能會有不連貫的客戶體驗。

二、新奇事物症候群

我們都知道行銷人員（包含我自己）熱愛新事物，喜歡令人興奮的新平台，因為這些平台承諾會為我們帶來與客戶互動、讓生活更輕鬆的新方式。無論這項新工具可以讓我們在最新的社群平台投放廣告，或是一項整合工具，可以連結所有的專案、合作無間，想要購買可改變職場生活的事物，是再人性不過的感受。然而，問題是這些新奇事物不一定符合整體的行銷科技或行銷策略，可能也不是長期和客戶互動的最佳工具，但我們就是禁不起誘惑……

三、未充分使用的科技（閒置軟體）

當行銷團隊訂閱太多工具時，常會發生很多工具無人使用的情況。例如，團隊去年購買的測試工具尚未進行任何測試，或是資料管理工具買了卻幾乎沒在用，因為資料相關工作並未放在優先位置，這些工具被戲稱為「閒置軟體」（shelfware），因為好像被閒置在一旁，原本期待從中實現價值的行銷團隊一直沒有使用。其中有兩個原因：第一，即前面提到的購買太多工具，看到新奇事物就想使用的問題；第二，缺少行銷科技人才（懂得運用技術和策略從每項工具獲取最高價值，並以能夠成功的方式架設工具的專業人士），還有連貫的行銷科技策略，因此無法為每個平台創造投資報酬率（Return on Investment, ROI）。

四、講求功能導向而非策略導向

另一個常見的誘惑，就是試圖運用行銷科技提供的所有功能。有些大型的行銷自動化平台號稱擁有數百種行銷功能可供團隊使用，為工作產生良好影響。問題是這些功能並非全都有用，甚至在一些特定的商業案例中，有用的功能極少。不過為了從昂貴的軟體獲得報酬，而使用平台提供的所有功能，是極大的誘惑。然而，行銷人員為了嘗試這些功能，可能忘了當初使用這些功能的目標。要解決這個困境的方法是，先設定行銷目標，再選擇可幫助達成目標的功能和工具。

我還記得自己曾因講求功能導向而非策略導向，對公司造成負面影響，當時因為在一家中型企業擔任某個行銷自動化平台的主要管理者，所以感到非常興奮，第一件事就是找出團隊沒在使用的所有功能，開始推行。

數個月後，我已經試過所有附加功能，卻沒有什麼成效，還被主管問了非常嚴苛的問題：「我們過去幾個月完成什麼？」他認真地詢問，因為我看起來很忙碌，所以他十分好奇，我的心一沉，實情是雖然工作很忙，努力實施平台提供的所有功能，卻從未停下來詢問自己關鍵問題：什麼才是最重要的？我們想要完成什麼？要達成目標，需要哪些功能和科技？不用說，那場對話進行得並不順利，至今仍時時提醒我，在考慮嘗試新工具前，永遠必須先思考目標、使命及策略。

◆行銷科技需要人才與時間

行銷科技的數量及其個別的使用案例和影響力都持續成長，因此有越來越多人從事行銷科技這一行，因為它不會自行運作，假如可以訂閱一個社群網站廣告或資料分析工具，然後等它為你帶來更多潛在客戶和驚人的商務洞察報告就太棒了。但非常可惜，事實完全不是如此。操作行銷科技並從中獲得價值，有兩樣東西不可或缺：人才和時間。

就人才而言，許多在行銷科技領域工作的人都是數位行銷人員，有人是從較廣泛的行銷職位轉職而來，如行銷經理、企劃或專員，因為對工具和科技特別感興趣，所以轉換到行銷科技；也有很多人是在因緣際會下開始管理行銷科技，或是單純因為職務需要用到公司現有的各種科技。雖然許多行銷科技平台都很直觀，一般的數位行銷人員就能學會，但是也有些軟體需要較多技術專業和經驗，行銷自動化、資料管理及整合等平台工具，需要擁有比一般數位行銷還要專業的技能。基於這項需求，有的行銷人員可以透過學習、專精特定企業平台建立職涯，很多人因此成為顧問。

管理行銷科技的時間要素也必須納入考量，因為行銷科技的專案和時間價值通常需要花很多時間實現。在最花時間的情況下，打算讓數百名員工使用的企業行銷科技工具有時得花六個月的時間執行，訓練和受到採用則需要更久的時間。此外，行銷科技也要一段時間才會出現成果，若以推動一個新的內容行銷平台為例，內容要花好幾個月才會得到足夠的流量、轉換潛在客戶、產生收益，最後才能實現投資報酬率。

有一件事情是肯定的，就是對行銷科技人才的需求正飛快成長，我在寫下這段文字時，搜尋 LinkedIn，發現目前有超過十萬個行銷科技的相關職缺。

◆行銷科技、行銷營運和行銷自動化有什麼差別？

行銷科技（Martech）、行銷營運（marketing operation）和行銷自動化（marketing automation）這三個詞彙，及其代表的意涵經常被混淆，在最糟的情況下甚至會互通使用。這三個詞彙雖然肯定有重疊的地方，但還是應該加以辨別。行銷科技是指協助行銷人員完成工作的科技（工具、軟體與平台）；行銷營運是操作工具、程序和資料，以協助行銷人員完成工作的部門；行銷自動化是行銷科技的一個類別，專門透過程式執行行銷團隊通常要完成的許多事項。這三個詞彙很容易搞混，是因為行銷科技通常由行銷營運團隊或部門持有和操作。行銷自動化是行銷科技組合中最大的組成，行銷營運專家通常會花很多時間管理這個特定平台。舉例來說，在企業層級的大公司裡，行銷自動化平台每年會儲存數百萬筆紀錄、發起數千次活動。這些大型平台需要專責專家進行管理與治理，因此他們都是行銷科技專家，在行銷營運的部門工作，但工作內容完全只有行銷自動化的部分。從這個例子即可看出，這些詞彙的確很容易搞混。雖然將在本書深入探討的成功原則，有很多都適用於這三個概念，但還是要釐清各個詞彙的細微差異，才能從中獲得最大的價值。

◆行銷科技的技術門檻

人們不太會思考一件事，就是從職位的角度和實行的角度來看，行銷科技有時候需要很高的技術門檻。行銷科技的核心深植在系統、應用程式和數位行銷中，因此總是需要較擅長科技的行銷人員操作。

首先，要知道行銷科技帶來的客戶體驗是某種形式的網路體驗，透過桌上型電腦、行動裝置或應用程式進行，就需要一定程度的網站開發技能，行銷科技負責人通常需要對超文件標示語言（Hypertext Markup Language, HTML）、階層樣式表（Cascading Style Sheets, CSS）和JavaScript

有基本的認識。你常會看到行銷人員使用這些語言客製化電子郵件和登陸頁面等資產，雖然他們可能不是一開始創造資產的人。

下一個重點是，行銷科技平台本身可能設計健全，需要具有平台相關的特定知識才能操作。例如大部分的客戶關係管理系統、行銷自動化平台及客戶資料平台都是大型資料庫平台，有好幾層功能和工具，需要訓練許多個月才能駕馭。這些工具時常會提供多層次的檢定體系，作為訓練和展現專業的方式。行銷科技的實行與操作有時很專業，因此現在甚至出現行銷科技顧問諮詢業，像德勤（Deloitte）和埃森哲（Accenture）等最大型顧問公司，都有專門的團隊負責行銷科技，而獨立的精品式公司也可能從中獲取不少利潤。有些公司專門為特定一個平台提供顧問服務，如Salesforce和Marketo。布林克爾推廣的低程式碼／無程式碼運動越來越流行，也證實這個產業真的十分需要技術性專業與操作。低程式碼／無程式碼運動是指，有越來越多平台允許非軟體開發者自行創造應用程式和平台。許多行銷人員充分利用這個運動，使用低程式碼／無程式碼平台建立自己的行銷科技和解決方案，現在正進入行銷科技產業非常令人興奮的時期！

◆本書架構

你已經可以看出，本章帶領我們認識行銷科技及其傳奇的過去，也探討這個產業會有如此爆炸性成長的原因。

第二章提及公司對行銷科技的需求，還有行銷人員充分發揮行銷科技的潛力後，可以加速達成或實現哪些關鍵的商業目標。

第三章會聊聊行銷科技的主要類別、每個類別所有工具的用途和雷同之處，以及各個領域的主要供應商。

第四章會說明什麼是行銷科技組合、組成有哪些、不同規模的組織要如何運用行銷科技組合實現目標。

第五章是重要章節，會談到設計高成效行銷科技組合的原則，包括審核現有的科技組合、評估未來需求、為你的現況和公司挑選最佳行銷科技平台。

第六章提及每個行銷團隊都需要的核心業務系統與平台。今天市面上雖然有超過八千個行銷科技平台，排列組合的方式有無限多種，但有些基本／主流科技是每個行銷人員都需要的，沒有這些科技便無法順利完成工作。

第七章會協助處於成熟階段的行銷團隊，找出適合加入行銷科技組合的新工具和平台。

第八章深入解析並確保你能從行銷科技組合和未來添購的行銷科技工具中，獲得最大價值的原則。

第九章深入探討讓所有行銷工具都獲得採用和成效需要的戰術。

第十章會談到人，推出新工具與重大變革時，籠絡人心是極為重要的，沒有和人合作、無法影響他人，就什麼事也做不成。

在第十一章，也就是最後一章中，會提到為了持續成長、從行銷科技獲得更多成效所需的事物，無論這個快速成長的產業如何不斷進展，也不用害怕。

第二章

Martech能為企業帶來什麼價值？

◇◆◇

現在我們對於什麼是行銷科技、什麼原因造成行銷科技越來越受歡迎，都有了基礎概念，接著要在本章深入探究行銷科技為組織帶來的商業價值。公司可以利用行銷科技與數位客戶進行更好的互動、為他們創造價值、管理他們的資料、進行分析報告，並達到最佳化，接著一一剖析這幾點。

◆與消費者進行數位互動

今天的消費者是數位的，會在各種網站、應用程式、社群媒體等空間工作玩樂。行銷科技是我們用來在所有這些通路和媒介，為消費者創造絕佳體驗的工具。以電子郵件為例，消費者每天都會讀取收件匣的郵件，開啟家人或雇主的訊息及品牌寄送的商業訊息。行銷團隊會使用電子郵件行銷軟體（屬於行銷科技的推銷類別），實際創造並發起電子郵件體驗到客戶的收件匣。然而，除了電子郵件外，客戶還會在許多不同的地方與品牌互動，如官網、社群媒體動態、有聲平台、串流服務、影音分享平台等，這些通路全都要藉由不同的行銷科技，產生、管理並實現整體的投資報酬率。

我最喜歡的另一個例子，就是利用行銷科技舉辦線上會議，對品牌來說，親自參與現場活動是很棒的機會，可以給客戶一個地方學習、建立人脈、擁有難忘的經歷。但這會帶來一個挑戰，就是舉辦現場活動費用高昂，而且客戶可能因為各種理由無法參加。此外，最近由於新冠肺炎（COVID-19）疫情的種種安全措施，現場活動變得更複雜與冒險。線上會議是很棒的替代方式，有了行銷科技，品牌可以讓與會者從自家或辦公室的舒適環境，獲得在現場活動能得到的大部分好處和體驗，主辦單位與來賓也能完全免除交通費和場地費，並省下大量準備時間。軟體公司 OpenExo 決定將 ExO 世界高峰會（ExO World Summit）變成線上會議，讓兩千八百位觀眾和一百三十位講者參加，就是很棒的例子[4]。OpenExo 使用一條龍的線上會議平台，舉行大型專題演講、分組研討會、講者見面會，甚至是一對一的交流機會，全部透過網路完成。

◆ 為消費者創造價值

你知道行銷可以為客戶創造很大的價值嗎？做得好的話，行銷能讓客戶發掘協助他們解決急迫問題的產品或服務。你可以把行銷科技想成在為行銷開一條路，將行銷訊息和美好體驗送到客戶身旁。行銷科技幫助行銷團隊傳遞重要的概念，進而改善客戶的生活。

行銷科技也可以幫助客戶學習，以我在多年前第一次擔任的行銷職務為例，當時要替公司以線上平台服務的形式，把行動裝置和社群媒體服務帶給小型公司，遇到的其中一項挑戰便是採用的問題：客戶學不會如何使用這項產品。這發生在客戶旅程的關鍵時刻，因此影響銷售；免費試用不順利，客戶搞不懂該怎麼使用這項服務，所以就不買了。我和團隊結合電子郵件自動化與網路研討會，行銷這兩種工具，找出潛在客戶和客戶最需要幫助的關鍵時刻，然後自動發送教育郵件與網路教學研討會邀請函。短短幾週後，客戶互動和流失率都獲得顯著改善。這個例子證實，行銷科技可同時為公司和客戶創造價值（客戶在關鍵

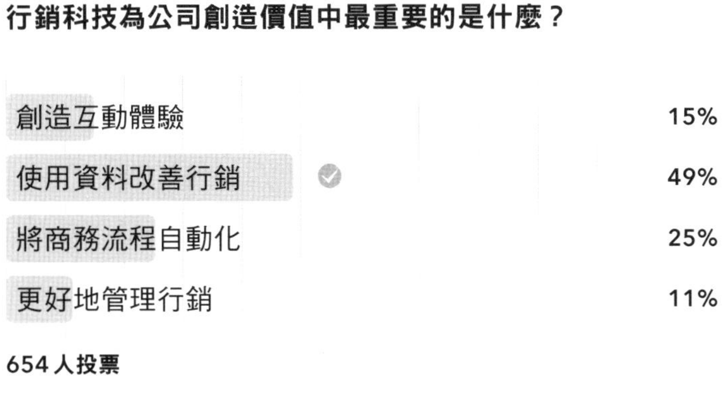

圖 2.1　行銷科技為公司創造的重要價值

時刻獲得學習機會）。

◆蒐集和分析行銷參數

我在二〇二一年八月發起LinkedIn調查，投票者共有六百五十四位中階與高階行銷人員，來自各種規模的公司（圖2．1）。有四九％的人認為，在行銷科技可以實現的商業需求中，最重要的就是「使用資料改善行銷」。這項調查顯示，和其他投票選項（「創造互動體驗」、「將商務流程自動化」及「更好地管理行銷」）相比，資料對行銷人員來說極為重要，影響公司整體的行銷成敗。

由於今天的行銷幾乎完全都已數位化，因此回報和分析行銷活動的成果非常重要，能讓整個行銷計畫最佳化。例如假使你在臉書投放付費的社群媒體廣告，會有辦法看到這次活動產生的曝光、點擊、轉換及潛在客戶資料，這是透過臉書的廣告平台（屬於行銷科技的推銷類別）達成的，但也可以利用商業智慧（Business Intelligence, BI）或分析工具，比較臉書和其他管道的資料，進而獲得改善，也可以證實行銷活動如何影響整體銷售。

回報與分析對評估客戶漏斗的效率也很重要，例如常見的行銷漏斗模型一開始是「覺察」，再來依序是「興趣」、「考慮」、「購買」及「擁護」。「覺察」是漏斗頂端開口最大的部分，「購買」和「擁護」則構成漏斗底部最小的開口。行銷科技的分析類別工具，可幫助我們了解漏斗每一個階段的互動和轉換率，點出有問題的地方，這便是行銷科技能協助把行銷最佳化的原因（圖2．2）。

捕捉：用來進行分析的行銷科技平台，可從不同的通路和媒介捕捉重要的資料點，將顯著資料匯集到同一個地方進行分析。

管理：除了匯整資料外，行銷科技工具也可以用來合成、標準化和正規化資料，讓資料變得可操作、好理解。

視覺分析：許多行銷科技平台都提供以視覺呈現行銷與客戶資料點的功能，方便比較不同的行銷活動。從這方面來看，行銷科技讓行銷人員得以從資料中擷取洞見，區別「訊號和噪音」。

預測：有越來越多新的行銷科技平台，透過人工智慧和機器學習（Machine Learning, ML）驅動，可自動快速篩選兆位元組的資料，使用演算法預測客戶的行為。今天使用人工智慧和機器學習的行銷科技平

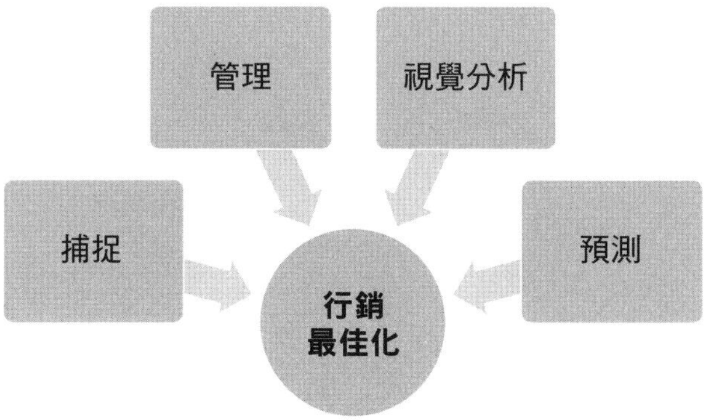

圖2.2　行銷科技最佳化的組成要素

台，可以辨識出成功率最高的行銷企劃，自動即時更改行銷活動，完全省略人類的干預。

◆改善客戶體驗

好的行銷（和好的商業做法）要以好的客戶體驗為基礎。《哈佛商業評論》（*Harvard Business Review*）將客戶體驗定義為「公司提供的每個層面——客戶照顧、廣告、包裝、產品服務功能、便利性及可靠度等的品質」[5]。你可以透過五感塑造客戶體驗，即觸覺、味覺、嗅覺、視覺和聽覺。產品在消費者手中摸起來的感覺如何？餐廳的開胃菜嘗起來如何？洗髮精和潤髮乳聞起來怎麼樣？店裡播放什麼樣的音樂？客戶造訪你的網站時會看到什麼？這些體驗結合起來，會在消費者想到你的品牌時，創造出一種感受和心理參照。

一、直接改善體驗

行銷科技可用來直接改善客戶體驗。這很容易就能舉出一個數位的例子，行銷科技可以根據每位客戶的需求和喜好，將網站或電子郵件體驗個人化。品牌可以使用cookie追蹤消費者的網路活動（像是他們常逛哪些網站），然後使用即時的個人化工具，提供最吸引他們的特定圖像、文案與產品。

二、了解客戶以改善日後的體驗和商業決策

行銷科技分析平台可以協助蒐集和分析資料，了解客戶是如何體驗我們的品牌。我們可以從中學習，將學到的東西應用到商業決策上，協助改善未來的客戶體驗。以網站為例，假如報告顯示許多訪客很快就離開網站，很可能是因為網站提供他們不相干的體驗，或是將流量導到網站的行銷活動令人混淆或產生誤導，提示要花時間改善。

◆將重複的任務自動化

回顧有六百五十四位行銷人員參與的那次LinkedIn投票，我提出的問題是：「行銷科技為公司創造價值中最重要的是什麼？」在第二名的投票結果裡，有二五%的投票者表示，行銷科技滿足的商業需求中最重要的是「將商務流程自動化」。

行銷雖然通常被認為是需要發揮創意的事，但是就像大部分的工作，行銷也不乏重複性高的枯燥事項，如管理潛在客戶試算表、辨識參與某場活動的潛在客戶，以及不斷發送同類型的行銷電子郵件等。行銷自動化是行銷科技的核心類別之一，可以將上述與更多的工作自動化，讓行銷人員空出更多時間發揮策略和創意。許多行銷科技平台除了自動化簡單的工作外，還能自動化客戶旅程中會經歷的大部分行銷活動。

此外，不同的行銷科技平台可以在行銷科技組合中一起使用，因此數位行銷很少有什麼是無法自動化的。舉一個實際的例子，假設有一位潛在客戶在你的網站上看了一支影片，影音行銷平台可以根據觀看的影片類型和時間，在行銷自動化平台觸發一封電子郵件，內含網站上其他相似頁面的連結。訪客觀看這些頁面時，聊天機器人會自動彈出，詢問潛在客戶是否願意和銷售人員碰面，看看實際的示範。這一切都不需要人為干預就能完成，實在太神奇了！雖然銷售和行銷永遠需要真人執行，但是行銷科技可以減輕耗時重複事項所帶來的負擔。

◆實現效率、透明度與溝通

讓銷售和行銷團隊感到十分困擾的一個關鍵議題就是配適，銷售團隊總是想要有更多的潛在客戶資料，而且是有品質的潛在客戶資料，只要缺少什麼，常會怪在行銷團隊頭上。這是缺乏透明度和共同目標，以及看不到各個團隊的不同優先順序造成的。

執行健全的行銷科技策略，可協助進入市場的各個團隊（銷售、行銷及客戶成功）達成配適，行銷科技可實現效率、透明度與溝通。在效率這方面，看看潛在客戶評分（lead scoring）和潛在客戶發送（lead routing）兩個部分。

潛在客戶評分是行銷自動化平台的一個功能，可依照潛在客戶的基本資料和行為特性，判斷潛在客戶準備進入銷售環節的程度，並加以排序。潛在客戶發送則是指，在對的時間將對的潛在客戶發送給對的銷售團隊。上述兩者都能大幅改善效率，因為銷售團隊要把時間花在最可能購買的潛在客戶，而非浪費時間在純粹「只逛不買」的潛在客戶身上。

透明度是另一個很棒的配適機會。行銷科技的回報與歸因平台，讓行銷人員可以把行銷團隊的表現分享給整家公司，協助利害關係人了解行銷團隊為公司帶來的影響，也讓任何合作機會可以浮上檯面。客戶資料平台也能達成配適，統整不同的資料來源，讓銷售與行銷團隊對客戶有一致的視角。行銷科技也會改善溝通，協助團隊分工合作或突顯準備接受銷售的潛在客戶。例如，行銷專案管理工具能協助不同團隊和不同地區的行銷人員在同一個協同專案平台上做事。另一個協助傳遞重要資料的例子，則是銷售智慧和預測分析，可以幫助銷售團隊得到需要的工具，即時轉換潛在客戶與既有客戶，發揮影響力。

◆讓傳統行銷不斷改善與進步

看看我們的日常生活，你會發現到處都有科技改善生活方式的證據。智慧型手機使我們能得到幾乎毫無止盡的資訊；使用 Wi-Fi 運作的家庭設備讓我們保持溫暖舒適；無線科技使得我們可以進行便利安全的商業交易；社群媒體平台讓我們和世界各地的親朋好友互相連結；遠距工作科技協助分散各地的團隊分工合作，快速產出成果。

正如我們的生活因為科技變得越來越美好，行銷也因為行銷科技而進步。想想從覺察到擁護之間經歷的各個客戶接觸點，每個接觸點都可以藉由行銷科技改善。在網路上搜尋的客戶可以發現相似或相關的產品滿足需求；他們可以透過線上互動體驗，了解不同的解決方案；他們可以用定價計算器和購物比價工具，做出正確決定。就連擁護這個接觸點也有辦法大為改善：使用行銷科技可協助客戶推薦朋友，或撰寫開心的評語。

行銷科技帶來的重要好處之一，就是深入了解客戶是誰和他們想要什麼。很多類別的行銷科技工具都有內建的回報功能，包括廣告、電子郵件、影音行銷及資料管理。雖然這些平台的主要使用案例可能不是分析，但是從這些接觸點得到的大量客戶互動資料，能讓我們更了解客戶。透過統合、建構、檢視這些接觸點，我們朝向更了解客戶、更能做出服務客戶的良好決策跨出很大的一步。

◆提高行銷的投資報酬率

之後將詳細說明行銷科技如何幫助行銷人員，提高並測量公司的行銷投資報酬率。行銷人員要證明自己的價值時，常遇到的挑戰是，不知道怎麼將自己做的事，與營收和整體商業成效連結在一起。行銷科技可以透過幾種方式，帶來行銷投資報酬率：

一、在對的時間，使用對的訊息，瞄準對的客戶

行銷科技工具讓行銷人員可以更準確地區隔受眾。區隔受眾的意思是，挑出族群中，認為最能從你的產品獲得好處的子類別，這個子類別就是你的目標受眾。廣告平台能夠辨識子類別，而電子郵件和行銷自動化等互動平台，可針對不同的行銷活動，協助行銷人員把資料庫分割成完美的目標受眾清單。一旦選出定義明確的目標受眾，行銷的成功率就會大幅改善。

二、將行銷活動個人化，改善客戶體驗和轉換率

雖然目標受眾有很多共通點，但是每個客戶都各有喜好。行銷活動個人化的意思是，根據從先前互動中對客戶的了解，為對方量身打造創意、文案和產品。潛在客戶如果感覺訊息是為他特殊的喜好客製化，就更有可能購買。

三、在整個客戶旅程中，持續創造價值

潛在客戶變成客戶後，為什麼就要停止行銷？有些行銷工具支援忠誠計畫和其他客戶行銷活動，例如發現客戶在使用產品或服務期間，何時需要協助，或是使用禮物與獎賞獎勵忠誠客戶和擁護者。客戶如果感覺自己得到很棒的服務、與你的品牌合作可以克服困難、自己受到重視，就更有可能再次購買或推薦朋友。

四、將行銷事務和營收連結起來，改善決策

行銷自動化、標記管理、資料管理和行銷歸因等行銷科技工具，可以把行銷團隊發起的所有活動及其產生的收益連結起來。這非常寶貴，因為如此一來，行銷人員就能了解哪些活動有成效、哪些表現不佳。要記住的重點是，行銷投資報酬率和歸因不是為了證明哪個團隊或哪個人帶來銷售與收入，而是為了幫助公司了解未來該把預算和資源投注在什麼地方。

◆讓管理任務細節更便利

行銷科技讓行銷人員可以更有成效、更有效率地完成工作。市面上有行銷科技和專案管理平台，能協助大小團隊分工合作與執行任務。想像一下，舉辦一場大型使用者研討會需要完成哪些步驟和事項？發表產品的最新版本呢？過去，行銷人員用紙筆追蹤行銷活動的預算、報告及客戶回饋；現在這些全都數位化，儲存在雲端。你可以使用行銷科技簡化管理這些不同的資產。例如，許多廣告平台都有追蹤活動預算、創造吸引人的數位廣告，並且持續微調行銷投資，以持續最佳化一項企劃等功能。

還記得曾有客戶在執行一個專案管理平台時，客製化設計這個平台，以便支援行銷團隊及其活

動，令我印象深刻。對方是這麼做的：首先，活動擁有者將活動要求輸入平台，這項活動要求具備所有必要的欄位，也能上傳創意資產，因此團隊中的執行支線就有所需的一切。接著，其他成員被加入，包括營運團隊和內容批准者，因此營運團隊便能創造電子郵件行銷活動。由於專案管理平台與電子郵件平台整合在一起，活動擁有者和內容批准者無須使用多個系統，就能檢視電子郵件的內容。最後的批准完成後，營運團隊收到進行技術品質保證（Quality Assurance, QA）通知，之後便發起活動。該平台減少大量多方來回溝通的時間，協助簡化活動營運。

◆促成全球化，讓不同地區執行一致的行銷方針

行銷科技很棒的一點是，可以協助行銷全球化，讓公司在不同地區能執行一致的行銷方針，並協助不同國家的行銷團隊運用科技與客戶連結。大部分的行銷科技都能線上使用，屬於軟體即服務，因此行銷團隊可從世界上任何有網路連線的地方登入行銷科技。這一點相當重要，因為世界上有些地方的團隊即使資源和資金不足，有了行銷科技也能像大公司那樣運作。此外，有的行銷科技工具可以為不同地區翻譯行銷資訊，將之在地化。許多行銷團隊是從位於某國的總部取得全球行銷活動或訊息，需要把同一個訊息發布給各個大陸上的消費者。使用行銷科技依地區進行客製化，可以讓行銷具有高度包容和容易接近的特性。行銷科技也能幫助分布在多個地區的大型行銷團隊分工

合作。以行銷自動化平台和客戶關係管理平台等眾多設計健全的行銷科技平台為例，每個團隊可以各自擁有客製化帳號、擁有獨特的功能與資料集、進行獨立的行銷作業，同時又能利用大公司的資源帶來的好處。

以個人經驗來說，我曾在同一個行銷科技平台上設立十幾個團隊，每個團隊都能取用行銷模板，針對自己的用途將模板客製化，並自行選擇語言。資料庫也是分開的，所以很容易就能理解各個地區的市場，各自進行報告與分析，同時又能使用同一個主要系統。把資料庫分成特定的區塊，就稱為「資料庫分區」。這些團隊雖然可以獨立運作自己的行銷企劃，但都受到同一個中央團隊治理，該中央團隊負責確保整個核心行銷部門遵循品牌指示，不過允許每個團隊保有為客戶量身打造資產的彈性。

◆你應該投資行銷科技的重要指標

現在已經了解行銷科技能夠滿足的重要商務需求，接著檢視有哪些指標，顯示公司可能需要在行銷科技策略多投資。

你的公司追不上數位變遷的腳步

今天有很多公司在數位營運方面仍然很落後，特別是製造業和工業等向來極度仰賴古老生產、傳遞及溝通方式的產業。這個現象正快速改變，尤其是因為疫情加速從遠方生產與消費的需求。「數位轉型」成為現代經濟的關鍵詞，可以定義為「由於消費者對產品和服務的期望改變，導致組織重新思考使用科技、人力及流程的方式，以追求新的商業模式與新的金流。對許多製造傳統商品的企業來說，這意味要建置行動應用程式或電子商務平台等數位產品。」[6]簡言之，很多公司都沒有人才和資源，可以支援今天的數位行銷活動。

要如何知道你的公司是不是這樣？可以先從這幾個問題開始思考：

- 組織裡的員工是否擅長科技？
- 組織裡的員工是否使用最新的軟體和程式？是否主要在線上和雲端作業？
- 組織裡的員工是否使用線上服務，即時進行遠距分工？

如果上述問題中有任何一個答案是「否定的」，就表示你的工作能使用行銷科技大幅提升。

行銷作業重複性高且需要人工完成

我最痛苦的回憶之一，就是曾負責每個月呈交領導階層一份全面行銷報告，要花費近兩天的時間彙整資料、做出報告，完成後報告還經常錯誤百出。當我學會如何將客戶關係管理系統搭配資料分析工具使用後，一切都改變了。花費數週好好設定資料模型，並製作報告架構後，你猜我需要花多少時間完成每月報告？答案是不用花費任何時間，報告已經完全自動化，而且資料是最即時的，這就是把人工作業自動化的力量，除了可以節省很多時間，並且因為報告是由機器／電腦完成，不是手動輸入，因此所有資料永遠都是正確的，透過行銷科技完成報告不但更快速，品質也更好。

你的行銷作業是否太耗時、執行起來很痛苦？可以藉由下列問題來看看行銷科技能否幫上忙：

- 你的行銷作業是否主要為資料輸入型的工作？
- 你的團隊是否整天在填寫表格？
- 他們是否花費很多時間打電話或開會，要其他團隊或供應商替他們執行行銷活動？

如果上述問題有任何一個答案是肯定的，就表示你的團隊無法自力更生，應該運用科技，而非透過中間人完成工作。行銷科技有一個稱為「行銷自動化」的類別，目標就是消除那些重複性高、拖慢行銷團隊速度的枯燥工作。

不依靠技術支援就無法完成行銷

曾幾何時，行銷團隊必須依靠工程師和資訊科技（Information Technology, IT）資源，才能推動大部分的數位行銷活動。例如，要從公司的資料庫找出某一子類別的消費者，需要資訊科技或系統管理員幫忙；創造有圖像的電子郵件行銷活動，需要外聘或僱用擅長ＨＴＭＬ或ＣＳＳ的前端開發者；實際發送電子郵件又需要額外的工程資源，才能從公司的電子郵件伺服器執行。今天的局面卻很不一樣，行銷團隊沒有藉口說無法計劃、創造、執行及回報一個簡單的數位行銷活動。以上述的例子來說，使用與客戶關係管理系統整合的行銷自動化平台，就能讓行銷人員即時查詢客戶名單，並運用自助編輯器建立電子郵件體驗，行銷人員只需要基本的設計原理和一些文案撰寫經驗，不需要任何技術知識。

我還記得第一份行銷工作，每封電子郵件和每個登陸頁面都會經過同一個流程：

一、撰寫文案和打樣。
二、交給平面設計師。
三、初審。
四、批准後交給發布者（將設計轉換成ＨＴＭＬ的人）。

五、測試與品質保證。

六、審查和最終批准。

每次都是這個流程！今天行銷科技工具讓行銷人員可以使用所見即所得（what-you-see-is-what-you-get, WYSIWYG）編輯器，創造自己的電子郵件和登陸頁面，而且成果活潑有創意，適用所有裝置，那個過時的六步驟流程已不再必要。

你的資料很混亂

今天最讓公司頭痛的問題之一，就是缺乏資料洞察和根據資料進行的決策，行銷團隊尤其如此。這蘊含的挑戰便是缺少資料優先的文化，因此決策比較是藉由個人意見和直覺做出，但這可能過於主觀、帶有偏見且誤差很大。無法取得和洞察資料，導致這項挑戰一直存在，看不出什麼有成效、什麼沒成效，肯定會導致失敗。想像一下，沒有時速表卻要維持在速限之下、不知道烤箱溫度卻要烤蛋糕，會是什麼情況？「嗯，感覺大約是一百七十五度，所以我覺得應該再烤十分鐘……」

這個比喻說明，沒有資料可以參考，很難進行有成效的行銷。傳送訊息的策略、行銷活動的想法、通路和優惠等，全都是用猜的。我們必須把活動產生的資料點蒐集起來，加以分析，最後改善沒有成效的地方。

檢視你的資料現況，然後詢問這些問題：你有辦法取得所需的資料嗎？資料是否完整、可靠？你的資料是來自一個或多個來源？你得到的資料是以可操作的格式呈現，還是需要經過整理才能使用？假如上述問題有任何一個答案是肯定的，就表示你需要行銷科技導正資料策略。行銷科技的回報與資料管理平台，可讓你對客戶有一致的視角，並從不同來源結合資料，進行回報、視覺化及分析，並做出行動。

你隸屬於快速成長的組織

你若是隸屬於快速成長的公司，持續成長的客戶、員工和資源數量會變得很難運用。行銷團隊會發現，必須針對更多地區的更多客戶發起行銷活動。資料量和團隊使用的工具量大幅增加，團隊很快就難以招架。行銷科技可以配適工具和資源、找出有效率的工具、針對所有的客戶接觸點與平台建立全面整合的行銷方法，進而舒緩這些發育疼痛。對大型組織而言，這類配適使用試算表或電子郵件幾乎無法辦到。行銷科技的工作流程和專案管理工具，都屬於被設計協助成長中的組織，以可行方式維持成長的科技。

◆行銷科技對不同公司，會帶來不同程度的重要性

越來越讓行銷人員擔憂的是，行銷科技及其對行銷部門和整家公司的重要性並未受到強調。從一方面來看，這與產業類別和公司規模有關，例如新創公司與科技公司長久以來看出科技對改善公司的所有層面都很重要，知道科技可幫助行銷團隊快速擴張成長；相反地，隸屬於工業或難以接受數位轉型的公司則一直很抗拒各種科技，它們的行銷部門也一樣。

無論如何，很多人擔心有許多公司投資行銷科技的程度不夠，人才和訓練兩方面更是如此。換句話說，許多行銷團隊認為，購買額外的行銷科技解決方案與僱用懂得操作這些工具的人才具有龐大的商業價值，卻遲遲難以讓預算通過。其中有兩個原因：第一，行銷人員無法量化行銷科技產生的投資報酬率，這部分會在後面深入探討；第二，許多主管不明白為什麼需要專業人才和行銷訓練，從過往的經驗來看，領導階層只有創造產品時需要僱用技術人才；今天，組織內部幾乎每個領域都需要技術資源。

隨著產業的成長，行銷科技的價值雖然越來越受到認可，但在正確投資行銷科技這方面，許多產業仍有一段路要走。

◆你應該記住的行銷科技重要趨勢

在正式進入設計和管理行銷科技組合的「內涵」與「竅門」前，應該先牢記幾個持續影響行銷科技版圖與公司使用方式的重點。

非技術人才的賦權

有一個不斷驅動行銷科技革新的目標，就是幫助行銷人員做事速度更快、能夠更獨立地完成工作。只要行銷人員有需要仰賴其他部門完成的任務，如工程和開發任務、財務分析或專案管理，就會有第三方持續創造工具來滿足這些需求。我們已經看過這樣的例子，像是協助行銷人員建置和管理網站的內容管理系統（Content Management System, CMS），以及協助行銷人員視覺化與分析資料的強大資料分析工具。

併購不同服務

行銷科技生態裡的公司和解決方案得不斷爭取行銷部門的預算，同時努力達成更多公司的行銷需求。為了滿足這個需求，科技公司會出現併購的模式。假設甲供應商可服務一個行銷需求，乙供應商可服務另一個行銷需求，這兩家供應商可能會發現，聯手讓兩個服務合併在同一個平台，或至少合併成同一份帳單會有好處。過去十年來，就發生幾次重大的行銷科技併購：

- Adobe在二〇一八年併購Marketo。
- Salesforce在二〇一三年併購ExactTarget。
- Salesforce在二〇一九年併購Tableau。
- Discover.org在二〇一九年併購Zoominfo。
- Demandbase在二〇二〇年併購Engagio。
- Twilio在二〇二〇年併購Segment。

隨著行銷科技產業持續快速變遷，日後肯定會出現更多併購。

資料整合與同步

行銷科技一直有個很普遍的問題，就是資料同時存在於多個系統，並且不同平台的資料會有所差異。因此一直有新的產品類別被創造出來，要解決這個問題，像是客戶資料平台和整合平台即服務（Integration Platform as a Service, iPaaS），會在後續章節深入探討。科技組合因為擁有多種工具，而必定會出現的某些挑戰，會一直造成資料品質和可存取性的問題，在可預見的未來也將持續如此。

行銷人員創造內部解決方案

在後面章節會持續談到一個主題，就是「專屬行銷科技」，即公司使用自身資源自行建立的行銷科技。專屬行銷科技可能很簡單，像是由擅長科技的行銷人員使用低程式碼平台，在兩個系統之間建立客製化整合；也可能很複雜，例如請產品經理和軟體開發者團隊打造一套健全的內部行銷系統。造成這項趨勢的關鍵原因包括：第一，數位科技的進展，使得許多不是工程師的人越來越能自行建立技術解決方案；第二，有限的預算和資源有時讓公司傾向製作自己的解決方案，而不花錢購買。另外，資料的隱私和安全也迫使公司（尤其是企業級公司）打造自己的解決方案，不信任第三方可以保障客戶資料安全。

- 公司需要行銷科技與客戶互動，並為客戶創造價值。
- 行銷科技能幫助行銷人員蒐集和分析行銷參數，最佳化行銷企劃並改善決策。
- 行銷科技能協助團隊達成配適，將重複性高的枯燥工作自動化，提升效率。
- 跟不上時代的組織可利用行銷科技把行銷部門推向新時代。
- 行銷科技有幾個重要趨勢值得關注，包括非技術人才的賦權、行銷工具的併購及統一資料的需求。

第三章 行銷科技的主要類別

◇◆◇

本章要談談今天市面上各式各樣的行銷科技工具怎麼出現，也會講到布林克爾分類行銷科技的方式，因為帶出不少行銷科技的重要概念。此外，會稍微介紹布林克爾的分類，並說明我們選擇創造另一種比較簡化分類的原因。接著，會一一說明行銷科技的類別，列出各個類別的範例工具和平台。讀完本章後，你應該會對行銷科技的不同類別與每個類別的用途有很好的認識。

◆怎麼會出現這麼多的行銷工具？

今天市面上會出現這麼多的行銷科技，有幾個關鍵原因。第一個原因是預算。傳統上，行銷（尤其是廣告）向來擁有很多預算，可以用來努力得到新的客戶和銷售。根據Zenith的統計，二〇二一年的全球廣告花費超過七千零五十億美元，由於廣告和行銷服務的間接費用通常比實體產品還少，創造可以幫助行銷人員的工具與服務是很有賺頭的生意[7]。第二個原因是，為了完成工作，行銷人員必須進行越來越多不同的任務和活動。由於行銷日益數位化，行銷人員必須完成的數位工作量增加。舉例來說，發起一個活動需要做的事情，包括撰寫文件、設計圖像、建立數位廣告和電子郵件、投放廣告、追蹤與回報，以及其他許多事項。為了支援越來越多的工作量，大型科技公司和新創公司創造許多工具與服務，開始競爭行銷部門的預算。最後一個原因則是，創造軟體產品越來越容易。大部分的行銷科技工具都是所謂的軟體即服務，亦即不需要下載，通常在雲端上運作的軟體應用程式。現在雲端運算（代管伺服器網絡，而非在現場設施維護伺服器）等技術，讓新的軟體即服務產品可以快速建立。

◆工具過多的代價

近期有一份在LinkedIn上張貼的調查，共有一千一百多位行銷人員參與，調查問題是「現在行銷科技最大的挑戰是什麼？」最多人投票的選項是「工具多，策略少」（圖3.1）。

意思是很多公司會購買工具解決問題，卻沒有想出連貫一致的策略。雖然不是每家公司都這樣，但我們確實應該了解這些行銷科技工具的目的，又能如何協助行銷人員達成目標。

◆布林克爾的行銷科技超級圖表

一本關於行銷科技的書，一定要談到人稱行銷科技「教父」布林克爾，和由他彙編而成全世界最大的行銷科技工具資料庫。布林克爾設立ChiefMartec.com這個部落格和資源中心，幫助行銷人員了解行銷科技領域。他最著名的計畫就是行銷科技超級圖表（Martech Super Graphic）。一開始，他將數百種行銷科技工具彙整、分類，並把所有的商標放進同一張圖，現在行銷科技超級圖表已經從原本的數百種工具，成長到八千多種不同的行銷科技工具與平台。

這項計畫另一個很有幫助的地方，就是把行銷科技工具清單彙整成一個方便好用的資料庫。布林克爾將所有的行銷科技工具分門別類，本書列出的行銷科技類別就是從布林克爾的分類變化而來，目標是要為行銷人員簡化分類，並將工具以容易理解的方式歸類。

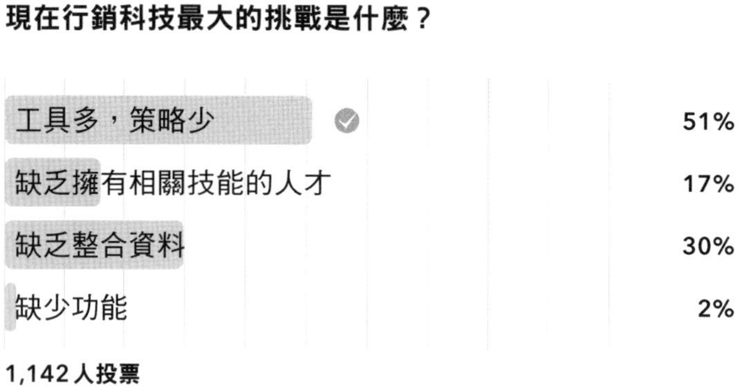

圖3.1　LinkedIn票選結果

◆行銷科技的兩大類別

本章把焦點放在行銷科技的重要類別，會把所有的類別歸為兩大主題：**行銷專用**和**行銷共用**（見圖3.2）。行銷專用這個主題之下的類別（及其工具），是專門為了協助行銷人員所研發的產品，極不可能被組織內的其他部門使用，例如在社群媒體通路上投放廣告的平台，就是專為行銷人員建置，其他部門不太可能使用。行銷共用這個主題之下的行銷科技類別，則是行銷團隊經常使用，但可能不是專門為了行銷人員開發的平台，組織內的其他團隊也會為了類似目的使用，例如行銷團隊會使用客戶關係管理平台，將客戶和潛在客戶的資料針對不同行銷活動加以區別，也能用以回報營收數據。然而，客戶關係管理平台也會被銷售團隊用來進行關係管理、客戶成功團隊用來進行帳戶管理、財務團隊用來進行預測。

行銷專用類別

- 行銷和廣告。
- 內容和網站。
- 行銷客製化（行銷回報、行銷專案管理）。

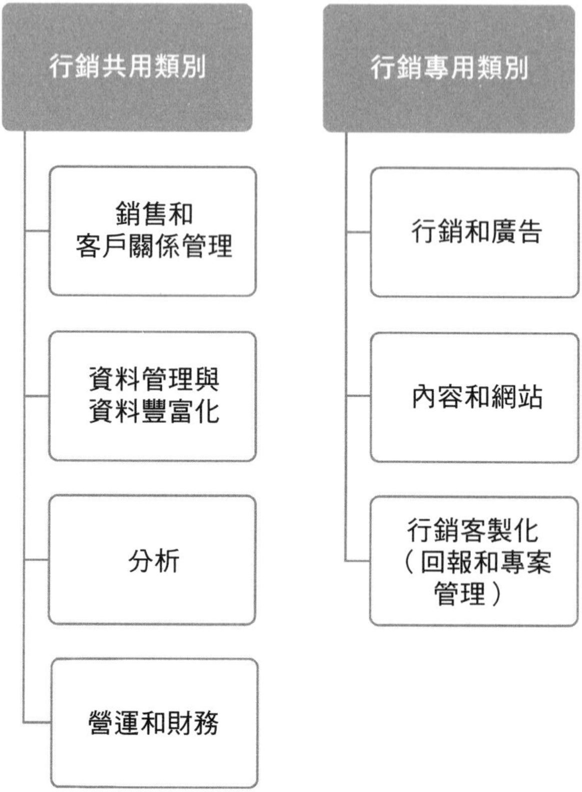
行銷共用類別
銷售和
客戶關係管理
資料管理與
資料豐富化
分析
營運和財務
行銷專用類別
行銷和廣告
內容和網站
行銷客製化
（回報和專案
管理）

圖3.2　行銷科技類別

行銷共用類別

- 銷售和客戶關係管理。
- 資料管理。
- 分析。
- 管理和財務。

◆行銷專用應用程式的優缺點

優點：專門為行銷人員建置的平台，較能針對行銷人員的需求進行客製化。例如，想像一下你在看一份電子郵件報告，一般通用的資料工具可能會給你一張充滿參數的試算表，包括發送、寄達、開啟、點擊和取消訂閱的數量，你必須處理這些資料，才能呈現重要的比率，像是寄達率、開啟率、點擊連結率及退訂率。可是在行銷專用應用程式裡，這份報告的目的就是要提供這些資料，所以全都會幫你計算好。此外，這些工具通常較容易操作，價格也較實惠，特別是與企業商務軟體相比。

缺點：行銷專用應用程式的缺點是，在複雜度和彈性方面可能會碰壁。組織成熟後，你可能會需要客製化功能，但是行銷專用應用程式做不到。另一個缺點則是，行銷專用應用程式可以整合的平台，通常不像行銷共用類別一樣多。以 Salesforce.com 這個屬於行銷共用應用程式類別的客戶關係管理為例，它和一萬多種不同的工具整合，但是行銷專用應用程式通常只能整合十到二十種工具。

我們先從行銷專用應用程式類別開始介紹，就從「行銷和廣告」開始。

◆行銷專用：行銷和廣告工具

第一個類別是**行銷和廣告**（圖 3.3），該類別的行銷科技工具涵蓋促銷、提升覺察、親和力、互動及客戶轉換等行銷的主流商業案例，可再細分成以下的子類別：

- 廣告和公關。
- 電子郵件與行銷自動化。
- 社群、行動裝置和對話式行銷（conversational marketing）。
- 電商行銷。
- 行銷和廣告。
- 線下行銷。

廣告和公關

現在的消費者無處不在，每個通路和數位平台都找得到。隸屬於廣告和公關子類別的工具，就是設計為品牌的產品與服務，提升消費者的覺察度和行動力。廣告平台支援廣告的創造、置入和測量，可以將廣告投放在品牌的官網、擁有與操作的財產、第三方網站、社群媒體平台、線上內容及行動裝置應用程式等。今天廣告工具（簡稱AdTech）也納入更新潮的通路，如網紅行銷和播客行銷。公關（Public Relation, PR）平台支援傳統公關部門的所有需求，包括新聞發布、無償媒

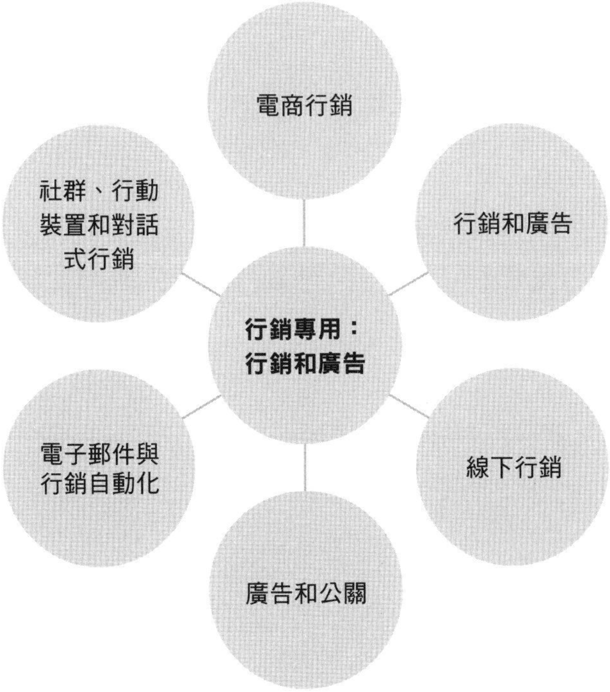

圖3.3　行銷和廣告子類別

體（Earned Media），以及分析師和記者的管理。

應該聚焦在哪些工具？

你要根據廣告預算，從這份清單挑選工具。較傾向交易銷售週期的公司（例如大部分購買行為都發生在網路上），通常會在付費廣告花較多錢。這時候就該比較不同的廣告通路和活動，盡可能最佳化成本。銷售週期較長的公司，廣告預算通常較少，大部分的交易是依靠現場銷售團隊完成，這些公司不用很多廣告和公關工具就已足夠。

廣告和公關服務包含：

- Google Marketing Platform——廣告、每次點擊付費（Pay Per Click, PPC）、每千次廣告曝光成本（Cost Per Mille, CPM）。
- DisplayOpenX——程式廣告、臉書廣告。
- LinkedIn 廣告。
- Adroll。
- Admob。
- Adcolony。

- SEM Rush。
- Spyfu。
- Adespresso。

電子郵件與行銷自動化

在行銷人員操作的平台中，最大型的就是電子郵件與行銷自動化，原因是電子郵件屬於最個人也最有利可圖的行銷通路之一，每週被寄出的數量高達一千一百京封以上。電子郵件行銷平台雖然包含許多強大的功能，如區隔和個人化，但是行銷自動化平台更能把電子郵件帶到另一個境界，納入潛在客戶管理、潛在客戶培養、活動、內容下載行銷活動等。此外，行銷自動化平台通常可以和客戶關係管理平台同步，這樣資料就能在設定行銷活動目標、管理潛在客戶生命週期和回報等方面做得更好。

應該聚焦在哪些工具？

一般來說，B2C（Business-to-Consumer，企業對消費者）公司通常會使用電子郵件行銷平台，而B2B（Business-to-Business，企業對企業）公司則會使用行銷自動化平台，因為行銷自動化平台可以和客戶關係管理整合。其中一個策略是檢視每種平台的定價，如果你的資料庫大小和發送的電子郵件數量，符合某家供應商的中等定價，你的方向可能就是對的；如果你的資料庫和發送的電子郵件數量，落在供應商定價結構的低端或高端，就表示應該考慮擅長服務這種公司規模的供應商。

電子郵件行銷平台包含：

- Constant Contact。
- Mailchimp。
- Aweber。
- Campaign Monitor。
- Omnisend。
- Sendinblue。

行銷自動化平台包含：

- Adobe旗下的Marketo Engage。
- 甲骨文旗下的Eloqua。
- Salesforce旗下的Pardot。

- Hubspot。
- Active Campaign。
- Drip。
- Customer.io。

社群、行動裝置和對話式行銷

屬於社群、行動裝置和對話式行銷子類別的工具，聚焦在一般網站與電子郵件互動範疇之外的媒體。社群媒體行銷工具能夠支援社群媒體活動的創造、發表、排程及回報，包括付費和有組織的。此外，有的社群媒體工具支援社群媒體聆聽，可協助品牌找出消費者正在談論的重要議題和感受。行動裝置行銷工具會在客戶的智慧型手機和平板上與客戶互動，發起行動裝置廣告、推播通知及文字簡訊等行銷活動。對話式行銷較新，是指透過即時聊天和聊天機器人與客戶互動，通常是在品牌的官網上。

應該聚焦在哪些工具？

除非你在大型企業工作，否則這個類別中較低價的工具大部分應該都能符合需求。企業需要客製化功能和大容量，因此較小型的工具會需要手動進行太多任務，才能加以管理。有一點可以考慮，就是假使你在尋找特定的功能，如互動式社群媒體體驗或聊天體驗，可能就只有較高價位的平台可以選擇。

社群媒體工具包含：

- Hootsuite。
- SproutSocial。
- Buffer。
- Salesforce Marketing Cloud。

行動裝置行銷工具包含：

- Vibes。
- Airship。
- Trumpia。
- Mobivity。

對話式行銷工具包含：

- Drift。
- Intercom。
- Livechat。
- Qualified。

電商行銷

電商行銷子類別的軟體和平台，聚焦在努力透過行銷與銷售來增加線上銷售量。最常見的例子是，透過科技吸引訪客來到線上商店、說服並促使他們進行購買，然後進行後續追蹤，讓他們願意再次購買。

應該聚焦在哪些工具？

電商工具有一個重要因素要考量，就是能與你的網站和支付系統整合。針對這個類別的工具，要把重點放在簡化流程、自動化及使用簡易這幾點。

電商行銷工具包含：

- Kissmetrics。
- Omnisend。
- Klaviyo。
- Hotjar。
- CrazyEgg。
- AdNabu。

線下行銷

這個子類別的工具支援傳統的非數位行銷媒介，如廣告看板、店內廣告和直接郵件，擅長創造、客製化、個人化、發送和回報線下行銷。

應該聚焦在哪些工具？

選擇線下行銷工具的供應商時，應該根據活動量的需求而定。在許多情況下，你可以自己實驗直接郵件等不同的通路、評估其效力，再根據表現挑選供應商。許多行銷人員會犯一個錯誤，就是購買只有活動量很大時才能帶來價值的平台。

線下行銷工具包含：

- Sendoso。
- Alyce。
- PFL。
- Vistaprint。
- Update this。

◆行銷專用：內容和網站工具

內容和網站是一個很大的行銷專用類別，因為數位行銷有很大一部分涉及內容和網站。以網站為例，你所有的產品頁面、案例研究、部落格文章、影片和教學資源，都會存放在這裡，這就是你的數位店面，也是全世界在線上觀看你這個品牌的方式。行銷團隊必須能在線上和線下創造、發表、修改網站內容，並追蹤其表現。這些工具可以透過網站吸引潛在客戶，把他們轉換成願意掏錢的客人。

內容管理系統

內容管理系統是在網路上代管檔案的平台，這些檔案通常是企業內容，包含公司使用的各類文件、腳本和多媒體檔案；另外，還有網站內容管理，也就是你在網站上需要經營和發表的所有檔案。一個能讓公司製作和管理官網的平台，就是這類工具簡單常見的例子。內容管理系統可以幫助行銷團隊建立網站頁面、存放圖像和腳本、存放影片及其他互動內容等多媒體檔案，並最佳化和分析網站的表現。

應該聚焦在哪些工具？

針對這個類別，你需要評估平台管理者的技能水準。假如要交由新手管理，就應該考慮大部分都替你做好、團隊只需要進行些微客製化的平台；較有經驗的團隊能從設計較健全的平台獲益，因為這類平台可以無限客製化。

內容管理系統應用程式包含：

- Wordpress。
- Wix。
- Squarespace。

- Drupal。
- Adobe Experience Manager。

搜尋引擎最佳化

SEO是搜尋引擎最佳化（Search Engine Optimization）的意思，隸屬於這個子類別的工具，可以幫助網站在網路上被人找到。要做到這一點，這些工具會幫助行銷人員評估網站的整體健全度、找出可能傷害搜尋排名的問題點，並針對如何在搜尋引擎這方面最佳化提供建議，包括將關鍵字最佳化、檢查損壞的連結、最佳化技術、搜尋引擎最佳化內容及網站速度等。

應該聚焦在哪些工具？

搜尋引擎最佳化工具通常費用較低，因此一一試用不會有太大的風險。你可考慮試用以下所有的工具，找出哪一些最符合團隊的需求！

搜尋引擎最佳化工具包含：

- SEMrush。
- Moz。

- Google Search Console。
- Ubersuggest。
- Clickflow。

內容行銷與互動內容

根據內容行銷學會（Content Marketing Institute）的定義：「內容行銷是一種策略行銷方式，把重點放在創造和散播有價值、相關且一致的內容，以吸引並留住一群定義清楚的受眾，最終驅使他們做出讓你有利可圖的客戶行為。」[8]內容行銷軟體與應用程式，可在發表、散播、測量和最佳化內容等行為的各個層面提供協助。此外，有的工具也能幫助行銷人員製作互動內容，如動態資訊圖表與測驗等。

應該聚焦在哪些工具？

選擇內容行銷工具時，應考慮內容量的多寡。假如你有數以百計的內容資產，包括報告、電子書、部落格文章等，就該投資較健全的平台。至於新手，則應該考慮人工管理內容，開始應接不暇時再投資工具。

內容行銷工具包含：

- Airstory。
- Grammarly。
- Hubspot。
- Contentools。
- DivvyHQ。
- Acrolinx。
- Pathfactory。

數位資產管理

數位資產管理應用程式，可以協助行銷人員儲存、管理與分享多媒體檔案和其他文件。多媒體檔案包括圖像、PDF、影片（mp4）及聲音檔案（mp3）。數位資產管理和企業內容管理工具這兩者雖然有一些重疊的地方，但前者通常是指會被用來進行行銷的檔案。數位資產管理的好處，包括快速找到檔案和資源；改善資產工作流程；提升團隊之間的分工；改善整個組織和資產被發現的難易度。

應該聚焦在哪些工具？

數位資產管理較適合擁有許多數位資產的大型團隊，人數少於十人的敏捷團隊使用免費或低成本的檔案儲存平台就夠了，但如果發現行銷人員找不到資源，或在分工合作上出現問題時，可以測試不同的數位資產管理工具，找出最適合團隊的功能。

數位資產管理工具包含：

- Brandfolder。
- Bynder。
- Frontify。
- Amplifi.io。
- Canto。
- IntelligenceBan。

活動、網路研討會和會議

線上活動和合作機會現在很受歡迎，這個子類別的工具讓團隊可以創造各種規模的線上聚會活動。很多人可能對線上會議與協作工具相當熟悉，但是今天的應用程式已經可以在線上研討會容納數千人，甚至在虛擬會議容納數萬人。這個子類別的工具可協助建立並主持這些活動、召開會議，還有宣傳、測量及最佳化虛擬聚會。

應該聚焦在哪些工具？

對大部分的公司而言，Zoom 和 GoToWebinar 就能滿足大部分的線上活動需求，而且在整合與自動化方面很有彈性。要舉行複雜虛擬活動或綜合型活動的行銷人員，可以了解其他能支援這些進階需求的平台。

活動、網路研討會和會議工具包含：

- Zoom。
- GoToMeeting/GoToWebinar。
- On24。
- Brightcove。
- Webex。
- Cvent。

影片行銷

無論是宣傳影片或見證影片，影片行銷在整個行銷領域中都扮演重要的角色，影片行銷類別涵蓋可以讓行銷人員創作、編輯、發表、最佳化和測量行銷影片的應用程式。

應該聚焦在哪些工具？

同樣地，你擁有的影片內容量會決定是否該使用影片行銷平台。

影片行銷工具包含：

- Vidyard。
- Loom。
- Wistia。
- Openreel。
- Vyond。
- VidIQ。

最佳化和測試

最佳化和測試是行銷領域很重要的一個部分，這個類別與內容管理系統之間，雖然有一些重疊的地方，但是最佳化和測試工具通常會特別聚焦在實驗上，常見的例子包括進行A／B測試等廣告與網站實驗，還有運用洞察報告持續改進客戶體驗。

應該聚焦在哪些工具？

最佳化和測試工具通常費用較低、容易執行，你可以考慮試用大部分的工具，找出最符合團隊需求的。

最佳化和測試工具包含：

- Google Optimize。
- Freshmarketer。
- VWO。
- Optimizely。
- Omnicovert。
- AB Tasty。

- Convert。
- Convert Experiences。
- Evolv。

◆行銷專用：行銷客製化（回報和專案管理）工具

在這個類別中，會涵蓋專門為了幫助行銷團隊解決問題所設計的應用程式。不過行銷人員也很常使用其他比較概括性類別的工具解決這些難題，將在後面談到。例如，有些專案管理應用程式是特別針對行銷人員設計，但也有很多專案管理工具是為各種領域的團隊創造。

回報與分析

行銷人員經常需要進行特定類型的報告，包含廣告、網站流量和社群媒體互動等方面。回報與分析這個子類別底下的工具，便是用來支援這些作用，從各個不同的通路和媒體匯集資料，協助行銷人員分析結果，做出更好的行銷決策與投資。

應該聚焦在哪些工具？

記住，你必須在行銷專用的回報工具和行銷共用的回報工具（本章後面會提到）之間做選擇。如果你選了行銷專用的回報工具，就列出事先需要看到的關鍵報告和參數，然後評估不同的供應商，看看他們是否支援對公司來說最重要的回報功能。

回報與分析工具包含：

- Bizible。
- Full Circle Insights。
- Funnel.io。

專案管理

大部分的行銷活動最後都會變成專案，而行銷團隊的工作有特殊的細微差別，例如通常會涉及設計師、文案寫手和網站發布者。每家公司的行銷團隊差不多都是如此，所以專案管理這個子類別的工具，會把重點放在這些團隊的專案和工作流程管理。

應該聚焦在哪些工具？

最健全的專案管理工具通常屬於行銷共用這個大類，本章後面會談到。只有在你的團隊需要某個其他工具沒有提供的客製化功能時，才選擇行銷專用的專案管理工具。

行銷人員的專案管理工具包含：

- Kapost。
- Functionfox。

預算

行銷團隊的預算往往和公司裡的其他團隊不一樣，通常會非常強調廣告與宣傳，而且很難回溯投資報酬率的來源。此外，媒體和廣告行銷活動通常需要時間才有成效，並非持續不斷的單行項目，導致行銷預算有相當多細微差別要注意，這個子類別的工具便是為了幫助行銷人員安排預算而特地研發。

應該聚焦在哪些工具？

記住，大部分的預算企劃在開始和結束時，都會用到 Microsoft Excel。當預算作業變得太過龐大不便，要看出重複的地方或使機會簡化，可能會變得很困難，這時候就該評估一下預算工具。

行銷人員的預算工具包含：

- Allocadia。
- Hive9。
- Aprimo Plan and Spend。
- Plannuh。

現在要來談談**行銷共用**這個大類，是指行銷人員經常用來完成工作，但其他職業和職務也會使用的應用程式。例如，有非常多不同的職業都會用到 Microsoft Word——這個工具不是為了某種工作而研發！

◆行銷共用應用程式的優缺點

優點：行銷共用應用程式的優點是，你通常可以長久倚賴這些工具，因為這些公司往往成立較久、資金充裕，也有長遠的未來路線圖，會持續演進以服務客戶。如同前面曾提過的，行銷共用應用程式的整合夥伴較多，也比行銷專用應用程式更能進行客製化。

缺點：行銷共用應用程式的缺點是，通常較昂貴，需要付出很多心力架設與執行。雖然不是所有的行銷共用應用程式都如此，但銷售與客戶關係管理、客戶體驗、服務和成功、客戶資料平台，以及回報與分析等類別的工具，特別會有這種情形。另一個缺點則是，由於這些產品不只能服務行銷部門，行銷人員可能必須承擔與行銷無關的業務，偏離自己的目標。

◆行銷共用：銷售和客戶關係管理工具

客戶關係管理

CRM是客戶關係管理的縮寫。根據Salesforce的定義：「客戶關係管理是管理公司與客戶和潛在客戶所有關係和互動的科技工具，目標很簡單，就是促進商業關係。」[9]更明確來說，客戶關係管理是銷售團隊負責管理的系統，目的是要追蹤帳戶、機會和交易，以及潛在客戶資料。今天的客戶關係管理工具非常健全，在這個基礎定義上提供許多擴充，大部分是蒐集和整理客戶的資料，以便改善銷售與行銷。雖然有很多其他類型的新平台也能儲存客戶資料，但是在我寫下這段文字時，許多公司仍將客戶關係管理視為客戶資料的「事實來源」。行銷人員會使用客戶關係管理的資料，設定目標、分析及回報，這是許多行銷活動的起點。

應該聚焦在哪些工具？

這個類別的市場龍頭是Salesforce.com，而且是很有道理的。Salesforce裡的AppExchange（擁有超過一萬個夥伴的應用程式市集），包含的客製化與整合數量極為龐大，讓它在可信賴度和規模上都是最佳選擇。如果你需要某些客製化功能，或是只能選擇特定供應商〔例如假設你的公司被准許只能使用微軟（Microsoft）的服務，添購Microsoft Dynamics或許較為容易〕，再研究其他平台。

行銷人員的客戶關係管理平台包含：

- Salesforce。
- Microsoft Dynamics。
- SugarCRM。
- Netsuite。
- Hubspot CRM。
- Zoho CRM。
- Pipeline Deals。

客戶體驗、服務與成功

屬於客戶體驗、服務與成功這個子類別的應用程式，目的是改善給予客戶的服務。這些工具支援的功能，包括分析和蒐集客戶評語，以及開發能夠持續帶來愉悅體驗的機制，如客戶意見調查、淨推薦值（Net Promoter Score, NPS）測量，以及讓客戶能獲得協助的線上支援和論壇。

應該聚焦在哪些工具？

Zendesk是這個類別的市場龍頭，不過如果想和你的客戶關係管理有更深入整合，也可以考慮Salesforce Service Cloud。如果你有客製化需求或預算，可研究其他讓你比Zendesk使用者更有優勢的平台。

客戶體驗、服務與成功平台包含：

- Zendesk。
- Happyfox。
- Yext。
- Kustomer。
- Salesforce Service Cloud。

- Freshdesk。
- Teamsupport。

目標客戶行銷

目標客戶行銷（Account-Based Marketing, ABM）的定義是：「把資源集中在市場內某一組目標客戶的商業行銷策略。這個策略會運用個人化的行銷活動與每個客戶互動，將客戶的特定屬性和需求作為行銷訊息的基礎。」[10]目標客戶行銷的策略和戰術，與傳統以漏斗為基礎的行銷手法（試圖盡可能開發潛在客戶，並轉換符合資格的潛在客戶）不同。目標客戶行銷和客戶關係管理這兩種工具雖有重疊之處，但這個子類別的工具是把重點放在，找出關鍵客戶、穿透目標客戶，並與之互動，以及針對獲得並擴展客戶的成果做出回報。

應該聚焦在哪些工具？

購買目標客戶行銷平台前，要先確保你擬訂目標客戶行銷策略，因為目標客戶行銷平台不會像變魔術那樣，替你帶來成果（雖然供應商可能會這麼告訴你）。策略擬訂完成後，找出策略的重要元素，然後和每家供應商聊聊，看看他們能否滿足你的特定需求。

目標客戶行銷平台包含：

- Demandbase。
- Terminus Triblio。
- Hubspot ABM Software。
- Adobe旗下的Marketo Engage ABM。

銷售自動化、賦能和智慧

銷售團隊使用的核心平台為客戶關係管理，但銷售自動化、賦能和智慧這個子類別，可協助銷售人員賣得更有效率與成效。由於行銷團隊要和銷售團隊進行不少監督與配適的作業，以達成目標，擁有或至少負責這類平台的通常是行銷。這個子類別的工具有電子郵件節奏工具、買家情報、產品資訊與教育，以及銷售訓練。

應該聚焦在哪些工具？

選擇這個類別的工具時，非常看重銷售團隊的喜好和採用。找出你想要提供的銷售支援關鍵領域，然後向供應商索取賣家試驗工具，看看他們喜歡哪幾個。另外，就如同其他工具，要確定工具可以和你科技組合的重要組成進行整合。

銷售自動化、賦能和智慧平台包含：

- LinkedIn Sales Navigator。
- Outreach.io。
- Salesloft。
- Reply.io。
- LeadFuze。
- PredictLeads。
- Chili Piper。

通話分析與管理

通話分析與管理應該自成一個子類別，因為有很多生意是透過電話或Zoom談成的，包括追蹤、記錄及分析銷售和客戶成功通話資料，以便看出如何把客戶體驗變得更好。

應該聚焦在哪些工具？

不同的通話分析與管理平台之間的差異不大，你可以使用試算表比較各供應商的功能和售價，選擇最適合團隊的平台。

通話分析與管理平台包含：

- Gong.io。
- Chorus.ai。
- Callrail。
- Invoca。

◆行銷共用：資料管理與資料豐富化工具

大數據是大事，所以現在要談談資料管理這個類別。常有人引用我說過的「沒有很棒的數據，就不會有很棒的行銷」這句話，以下這些平台有很多便是要用來賦予數據生命，以實現行銷目標。

客戶資料平台

根據客戶資料平台學會（CDP Institute）的定義：「客戶資料平台是一種套裝軟體，可以創造持續一致的客戶資料庫，並讓其他系統也能存取。」[11]客戶資料平台會從其他來源匯集資料、標準化和正規化資料，並創造一個主要的客戶檔案。完成後，其他系統也能存取這些資料。客戶資料平台協助解決的商業問題是，由於資料分散在不同系統中，我們很難對客戶的狀況產生一致的視角。對客戶有了一致的視角，行銷人員便能做出更好的目標設定、定位、傳送訊息等，可以帶來有價值的決策。客戶資料平台匯集的資料類型，包括個人資訊、網站活動等行為資料，以及產品和服務使用資料。

應該聚焦在哪些工具？

客戶資料平台是很大的平台購置決定，應該仔細比較供應商，選擇最適合你的客戶資料平台。列出你的使用案例、希望擁有的功能、整合平台、定價和目前的客戶，就能做出好選擇，第七章會詳細說明評估行銷科技供應商的方法。

客戶資料平台包含：

- Tealium。
- Twilio 旗下的 Segment。
- Blueshift。
- Bloomreach。

- Blueconic。
- Amperity。

資料管理平台

資料管理平台（Data Management Platform, DMP）和客戶資料平台很相似，也會把多個系統的資料匯集到同一個地方。然而，資料管理平台主要聚焦在廣告行銷，會聚集大量的第二方和第三方資料（通常是匿名的），為廣告活動建立受眾。資料管理平台的資料雖然通常是匿名的，但解決在多個平台和系統儲存受眾資料的商業難題。

應該聚焦在哪些工具？

資料管理平台與客戶資料平台一樣，是很大的平台購置決定，因此你要仔細比較供應商，選出最適合的資料管理平台。列出你的使用案例、希望擁有的功能、整合平台、定價和目前的客戶，就能做出好選擇，第七章會詳細說明評估行銷科技供應商的方法。

資料管理平台包含：

- Salesforce Audience Studio。

- MediaMath。
- Oracle Data Marketplace。
- Adobe Audience Manager。
- Adform。
- Latame Data Exchange。

整合平台即服務

整合平台即服務是一種協助連結系統的平台，定義是：「一套可開發、執行和治理整合流動的雲端服務，將一或多個組織內部任何實地或雲端的程序、服務、應用程式與資料連結在一起。」[11]把資料從一個資料庫遷移到另一個資料庫，或是根據不同系統的事件做出動作，都是很棒的例子。有很多組織的行銷科技組合變得越來越大，因此這個類別也跟著變大。

應該聚焦在哪些工具？

如果專案不大，Zapier 應該就能滿足你的需求。若有比較複雜的要求，你會需要用到 Workato 和 Tray.io 等平台，企業級專案需要使用像 Mulesoft 這樣的平台。

整合平台即服務供應商包含：

- Workato。
- Zapier。
- Tray.io。
- Mulesoft。

資料豐富化

資料豐富化工具可以補齊資料庫裡紀錄所欠缺的欄位，只要有一則資料（如電子郵件位址或電話號碼），就能增加更多資料點，像是地址、工作職稱及公司資訊。資料豐富化的好處是，可以協助設定目標和區隔受眾，也能提供與客戶相關的洞察，同時改善轉換率，因為不必向潛在客戶索取很多資訊。資料豐富化服務大部分不是大批豐富化資料，就是在潛在客戶填表時即時豐富化。

應該聚焦在哪些工具？

你要根據資料品質、平台可用性和價格，挑選資料豐富化工具。有一件事要記住，就是資料豐富化供應商有各自專精的產業。例如，假如你的客戶是工業公司或科技公司，有的供應商在這些產業擁有的資料集，會比其他供應商更優質。

資料豐富化平台包含：

- Zoominfo。
- Insideview。
- Salesgenie。
- Clearbit。
- Pipl。
- Ringlead。

治理與法規遵循

治理和法規遵循是極為重要的主題，卻經常在行銷領域受到忽略，這個子類別的工具，包括資料安全、客戶同意、客戶隱私、個人資料保護等。

應該聚焦在哪些工具？

選擇這個類別的應用程式時，需要考量使用案例、牽涉的資料類型（例如這是否為個人資訊），以及你的法律和法規遵循團隊在功能與安全性上需要的事物。

治理與法規遵循應用程式包含：

- Red Marker。
- The Search Monitor。
- Ziflow。
- Compliancepoint。

◆行銷共用：分析工具

在這個類別裡，會談論協助行銷人員做出更好決策的工具。這雖然是行銷科技的一個重要層面，但也有其他許多部門會使用這些工具分析資料，從中獲得資訊。

回報與分析

行銷人員會透過資料連結或手動方式，載入回報與分析工具，以便評估行銷活動的表現，並找出是否有任何趨勢或模式。今天很多回報與分析工具都有機器學習功能，可協助找出趨勢或模式。

應該聚焦在哪些工具？

遺憾的是，價格可能是你在選擇這類工具時的第一考量，因為有的回報與分析工具十分昂貴。列出你負擔得起的供應商後，要考慮自己需要進行多深入的分析，以及每種工具執行的難易度。記住，對於發展初期，資料還沒有很多的公司而言，免費服務即可滿足大部分的需求。

回報與分析工具包含：

- Domo。
- Spreadsheet Server。
- Wrike。
- Dundas BI。
- Prophix。
- Planful。
- Zoho Analytics。

資料視覺化

資料視覺化工具雖然和回報與分析子類別有一些重疊的地方，但是這類工具擅長創造各式各樣的圖表，和其他資料的視覺呈現方式。以不同的視覺形式呈現資料，會比較容易發表與分享，也可以揭露光是觀看報告中密密麻麻的數字，無法看出的關鍵模式或趨勢。

應該聚焦在哪些工具？

Tableau是針對中型到大型公司客戶的市場龍頭，除了功能極為強大外，精通它也對你的職涯有幫助，是很棒的技能。如果因為定價或人才方面的侷限而不考慮Tableau，可以列出你經常需要進行的視覺化類型及使用者人數，挑選適合的資料視覺化工具。

資料視覺化工具包含：

- Tableau。
- Qlikview。
- Fusioncharts。
- Highcharts。
- Sisense。

行銷歸因

行銷歸因是指把功勞歸屬給正面的行銷成果，最常見的例子是把收益歸功給不同類型的行銷通路和活動。比如說，假如行銷促成一筆價值一萬美元的交易，這筆收入的功勞就會歸到一或多個行銷活動上。行銷歸因的目的是，評估行銷策略中各個元素的表現，以進行最佳化。這個子類別的工具可支援行銷歸因需要進行的所有活動，包括標註、活動整理、追蹤和回報。

應該聚焦在哪些工具？

由於行銷歸因並沒有一個普遍認同的標準定義，所以每個工具的功勞歸屬方式都不同。你應該自行了解不同類型的行銷歸因，看看每個平台是怎麼歸功的，然後選出最適合你情況的工具。

行銷歸因工具包含：

- LeadsRx。
- Dreamdata。
- Factors.ai。
- Singular。
- AppsFlyer。

- Attribution。
- Odyssey Attribution。

◆ 行銷共用：營運與財務工具

公司許多部門都需要進行營運與財務方面的工作，這個類別的工具協助行銷人員完成這些特定目標。

專案管理和敏捷

以嚴格的工作量角度來看，大部分的行銷都是一種專案管理，要制定計畫、設計資產、與利害關係人合作、發起活動、回報成果等。專案管理和敏捷子類別的工具，可以為行銷人員提供專案管理各個層面的協助，包括追蹤專案、和跨部門團隊分工合作達成目標等。敏捷是專案管理中強調較短工作衝刺和持續回饋的部分，有的應用程式會支援這種工作類型。

應該聚焦在哪些工具？

對小型到中型的團隊而言，使用Asana或Trello一定不會有問題；這幾個低成本的專案管理工具有很多功能。當你的需求變大，尤其是開始與軟體開發者等技術資源合作後，可以了解一下Write、Jira和Workfront。

專案管理工具包含：

- Asana。
- Trello。
- Wrike。
- Jira。
- Basecamp。
- Monday。
- Smartsheet。
- Workfront。

預算與財務

行銷部門的財務很重要。行銷團隊通常擁有公司內部最複雜也最模糊的預算，特別是在廣告和投資報酬率這兩個方面。組成預算與財務子類別的工具，可以協助行銷人員管理財務、預測花費和成果，並確保支出獲得適當的會計與追蹤。

應該聚焦在哪些工具？

除非你的行銷預算設置很複雜，否則只需要使用預算工具即可處理一定規模的預算。大部分的團隊使用試算表預算就已足夠，別忘了你必須以試算表的格式把預算呈交給財務。如果需要預算工具，就列出重要功能和可用性要求，找出符合需求的工具。

預算與財務工具包含：

- Scoro。
- Centage。
- Prophix。
- Float。
- Planguru。
- Adaptive Insights。

- 行銷科技版圖正出現爆炸性成長，有八千多種不同的工具可以選擇。
- 行銷科技工具可分成兩大類：行銷專用和行銷共用。
- 行銷人員必須了解行銷科技的類別及其用途，然後從每個類別挑選供應商。

第四章 打造Martech組合

◇◆◇

本章會探討建立行銷科技組合的意思、建立行銷科技組合時需要考慮的重點，以及替公司建立行銷科技組合時應該留意的問題。

◆行銷科技組合的定義

行銷科技組合簡稱「科技組合」，是指行銷團隊用來達成商業目標使用的所有工具、應用程式與平台。通常行銷科技組合的組成應用程式，會服務一或多個特定的行銷功能。例如，行銷團隊可能會有支援電子郵件行銷的工具、支援社群媒體行銷的工具，以及回報與分析的工具。然而，較大型的行銷科技平台有的可完成多種目的，囊括好幾種功能。行銷科技組合裡的工具，通常可以彼此共享資料和互相整合，讓行銷更天衣無縫。

要判定一樣工具是否屬於行銷科技組合的一部

分，較準確的方法是，看看購買這個工具的費用是否從行銷預算中支付。行銷科技組合的工具通常會落在預算的科技項目底下，或是該特定工具有專屬的單行項目，不包含在行銷預算內的服務，通常就不屬於行銷科技組合，雖然行銷團隊可能經常使用那些應用程式，辦公室生產力、儲存空間和硬體等許多類型的服務都包含在內。

◆行銷科技組合為什麼重要？

功能廣泛：行銷科技組合讓行銷人員能完成許多事項，好和客戶進行互動，並傳遞價值給他們。不同功能的工具組合在一起，可以讓行銷人員吸引、接觸、轉換及取悅客戶。如果沒有行銷科技組合，行銷人員的獨立能力會很有限，需要仰賴其他團隊才能完成工作。

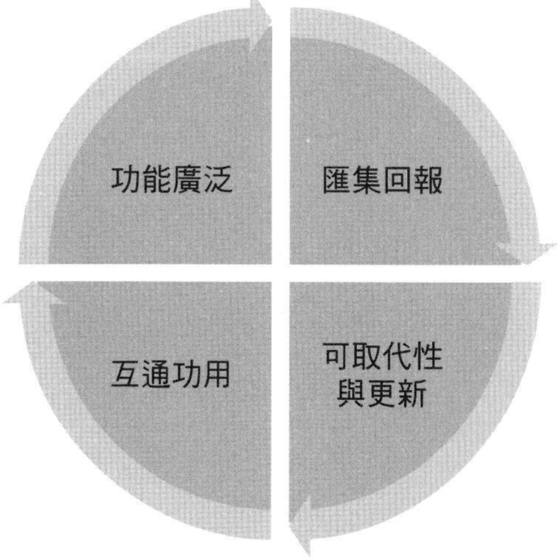

圖 4.1　行銷科技組合的重要性

匯集回報：擁有行銷科技組合，可協助追蹤來自不同客戶接觸點（即客戶與公司互動的時機點）的不同互動，這些互動可能發生在網站、付費媒體廣告、付費或自然社交、電子郵件等地方。無論是個別或組合的行銷科技都能匯集這些寶貴資料，之後再進行蒐集與分析。

互通功用：除了擁有許多不同的功能，行銷科技也提供連結不同行銷科技工具的選項，可協助帶來新的功能和行銷價值。例如，結合資料最佳化平台和登陸頁面平台，行銷人員即可擴充從潛在客戶那裡得到的資料，同時減少向潛在客戶索取資訊的欄位數量，進而增加轉換率。另一個例子是，連接行銷自動化平台和網路研討會平台，就能根據受眾的互動和參與，發送電子郵件給參與者。

可取代性與更新：行銷科技還有一個很棒的地方，就是（通常）很容易取代與更新。例如，假使某個行銷科技應用程式無法給予需要的服務或期望的成果，要終止訂閱，尋找另一家供應商並不困難。這也讓行銷科技供應商隨時保持警惕，因為這個產業隨時會有新的玩家出現，供應商一定要不斷更新功能與創新。

◆典型的行銷科技組合是什麼樣子？

行銷科技組合基本上就是一組工具，使用流程圖或地圖類型的格式觀看較清楚。

行銷科技組合的中心會是較大型的主要資料平台，像是客戶資料平台、客戶關係管理系統及／

或行銷自動化平台，這也可能是資料倉儲、資料湖泊或其他存放匯集好的行銷資料的地方。越往行銷科技組合地圖的外圍移動，就會找到越多以功能為基礎的工具，如社群媒體行銷工具、網路研討會工具和廣告工具。在行銷科技組合的外圍，你會看見端點解決方案（如果有的話），端點解決方案是只能實現一個目的（且這個目的可能很小）的工具。

◆比較B2C和B2B的行銷戰術

這是一個常見的問題，B2C和B2B的行銷原則雖然一樣，但還是有戰術上的差異。首先，B2B的購買流程比較複雜。以B2C的模式來說，消費者通常會自行來到實體或線上商店，然後瀏覽商品，在和銷售人員聊過或查詢網路評語後，會決定是否購買。B2B不一樣的地方是，B2B的買家是因為出現某個問題，或是透過研討會或產業報告等內容，得知這個解決方案。接著，買家會和不同的供應商見面進行比較，然後可能會發出需求建議書（Request for Proposal, RFP），參與正式建議的那些供應商會爭取和買家做生意。此外，買家通常是多人組成採購委員會的其中一員，共同決定採購什麼、向誰採購。B2C和B2B之間的一個關鍵差異就是時間，B2C流程非常快速，發生的時間很短，而B2B流程可能花費好幾個月或甚至數年才完成。

B2C行銷科技組合

B2C行銷科技組合與B2B行銷科技組合的最大不同是，前者的科技組合中心一定是客戶資料平台或資料管理平台，因為B2C公司儲存的消費者行為和廣告資料比B2B公司還多。例如，典型的B2C品牌會對數百萬（甚至數十億）消費者進行廣告宣傳，而這些受眾資料需要有地方存放、進行整理和用來做出行動。資料庫和資料管理平台很受B2C公司歡迎，因為它們有管理龐大受眾的需求。B2C行銷科技組合也有較高比例的廣告工具或廣告平台，用來管理付費廣告。由於B2C公司通常沒有直銷團隊，所以大部分的行銷和宣傳必須透過廣告完成。我們也會談到，B2C公司有較多以行銷創意和社交層面為焦點的工具，因為這對提升大量潛在客戶的覺察很重要。

B2B行銷科技組合

B2B行銷科技組合的中心是客戶關係管理或客戶資料平台，B2B公司通常會有一個直銷團隊，負責在Salesforce或Microsoft Dynamics等客戶關係管理系統，管理潛在客戶和客戶關係。這通常是行銷科技組合的中心，因為很多行銷活動都是根據這些資料進行。例如行銷人員可能會想針對曾和公司互動，卻從未轉換成機會／公開交易的潛在客戶發動培養活動。這些資料、潛在客戶的聯絡資訊和他們的購買階段，會儲存在客戶關係管理中，因此發動培養活動時會派上用場。在過去，客戶關係管理一直是B2B公司的事實來源，但現在有越來越多行銷人員開始使用客戶資料平台。

由於行銷人員需要比銷售資料和機會資料還多的資料，才能進行個人化行銷，於是便開始運用客戶資料平台，因為它會以可存取、可操作的方式，儲存廣告資料及產品與服務使用資料。另一個會在B2B公司的行銷科技組合中看見的是，支援現場行銷活動的工具，包括協助創造現場活動、網路研討會、社群和評價的平台，這些都是典型商業買家會進行的事項，因此B2B行銷科技組合要能促成與回報這些活動。

◆行銷科技組合規模不一

要了解一件事，就是行銷科技組合可以很龐大，也可以很小巧，端視公司的需求和資源而定。例如沒有很多資源的非營利組織，行銷科技組合可能只會有兩、三種工具，如果有辦法實現行銷目標，把訊息傳達給客戶，這樣的組合就很好。大型公司可能會有很多工具協助執行行銷，微軟聲稱行銷科技組合包含數百種行銷科技應用程式。以微軟和其他企業的例子來說，這種規模的組合通常需要數百萬美元預算與多個團隊進行操作。行銷科技組合也會根據公司的需求擴充或縮減，正在快速成長的公司可能幾個月內就會在科技組合中增加多種工具；反之，假如一家公司併入另一家公司，兩家公司可能會把行銷科技合併在一起，以免重複。

◆專屬行銷科技組合是什麼？

專屬（又稱為第一方）行銷科技組合，是公司針對自己需求建立的行銷科技應用程式，可以整個科技組合都自行建置，也可以是指特定的單一應用程式。比如說，如果公司運用內部開發資源，創造自己的資料庫或客戶關係管理，而不是訂閱第三方工具，就屬於專屬行銷科技平台。值得注意的是，在行銷科技大爆炸之前，「自產」的應用程式非常常見。對於想在行銷和廣告方面挑戰極限，卻找不到任何供應商協助的公司，這類專屬應用程式也很受歡迎。

專屬行銷科技組合的潛在好處

首先，工具的功能可以完全根據組織需求進行獨一無二的客製化。例如，假使需要一個能在其他許多內部系統整合和填滿資料的行銷工具，你可以從頭開始設計。對某些組織來說，這樣做比串接一大堆應用程式達成特定功能，或進行大量客製化的整合工具來得方便。

由內部建置行銷科技還有一個好處，就是可完全控制該科技的未來路線圖。假如組織未來需要額外的功能，不用等供應商根據時程設計，而是可以運用相關資源，優先設計這些功能。

另一個可能帶來的好處則是成本。建置自己的工具可以省錢，尤其是如果組織具有這麼做的開發實力。內部行銷工具不需要一直支付訂閱費用，一旦建置完成，唯一的支出就是維護和伺服器的費用，而這筆錢應該不多。

最後（但也同樣重要的）還有安全性的好處。資料安全和客戶隱私在數位時代變得越來越重要，許多公司非常重視資料安全，但有的供應商卻不盡然。此外，你的組織對資料安全的標準，可能比一般的行銷科技供應商還高，因此由內部建置行銷科技應用程式，較能掌控資料和客戶資料受到保護的方式。

專屬行銷科技組合的潛在問題

首先，評估、規劃、開發、測試新的內部工具，通常要花費很長的時間。內部應用程式可能需要好幾個月，甚至數年的時間執行，但是訂閱第三方行銷科技工具只要幾週（對較敏捷的組織或簡單的使用案例而言，甚至幾天就夠了）。

下一個可能出現的挑戰，是沒有技術人才及產品和開發資源可以從內部建置應用程式。軟體開發通常需要產品經理和軟體工程師，以及使用者體驗和使用者介面資源才有辦法創造，這些資源都很昂貴，小型組織可能特別難以取得。

專屬行銷科技的另一個問題則是技術負債，技術負債的定義是：「當開發團隊為了快速實現某種功能或企劃，導致之後需要進行重構所產生的結果。換句話說，這是注重快速實踐或完美程式碼造成的結果。」[13]這是一個很常見的問題，因為開發人員通常會把外部產品（為了外部客戶設計的可賺錢產品）看得比內部產品來得重，開發團隊可能不會盡全力建造可持久、可擴充的內部工具，所以常會出現技術負債。此外，內部工具也缺乏創新，行銷團隊可能只想根據當下的需求和困難尋求內部服務，並未考慮未來數年需要什麼；而行銷科技供應商通常很會創新，因為新的功能可以讓他們獲得更多訂閱。

最後，內部行銷科技工具缺乏整合。有些內部開發團隊雖然會建立可和其他應用程式整合的開放原始碼平台，但是很多團隊只會單純建置能滿足某個急迫需求的內部工具。這是專屬行銷科技的缺點，畢竟有些主流的行銷科技平台，甚至創造市集，提供數百種（甚至數千種）外部應用程式的整合。

◆如何建構行銷科技組合？

以下三種工具在行銷科技組合中極為重要：行銷自動化平台、客戶資料平台和客戶關係管理系統。

客戶關係管理系統：客戶關係管理是行銷科技組合的重要組成，因為它存有潛在客戶、客戶和收益的相關資訊。客戶關係管理系統雖然不是專為行銷團隊設計的工具，卻是許多行銷活動的起點。客戶關係管理系統讓行銷人員可以根據人口統計和企業統計變項資訊，以及活動與買家階段，設定目標潛在客戶與客戶。

行銷自動化平台：過去，許多B2B公司都將行銷自動化平台視為行銷記錄系統，因為潛在客戶和客戶的所有資料都存放在行銷自動化平台的資料庫，很多數位互動都能在行銷自動化平台進行追蹤與匯集。比方說，很多行銷自動化平台會追蹤網站訪客量、登陸頁面訪客量、電子郵件互動等，並將行銷活動與客戶關係管理的流程和營收資料連接。由於許多行銷活動會涉及儲存在行銷自動化平台的聯絡資訊和資產，很多行銷團隊都非常仰賴行銷科技組合裡的這項工具。

客戶資料平台：客戶資料平台成為越來越受歡迎的行銷記錄系統，因為它延伸客戶關係管理系統和行銷自動化平台的功能與資料，把這些整合成統一的系統。客戶資料平台的好處之一，就是可以將所有不同的客戶資料和接觸點（特別是產品使用與廣告相關的資料）放進同一個系統裡，使得設定目標和啟用活動的成效更佳。從客戶資料開始的行銷活動，不僅可以大幅改善目標的設定，也能帶來與客戶有關的洞見。

◆透過繪製與記錄檢視組合

應該強調的一件事，就是繪製和記錄行銷科技組合相當重要。記錄行銷科技組合是指，寫下（或鍵入）團隊使用的所有不同行銷科技平台，然後使用類似流程圖的圖表顯示資料的移動狀況。這件事很重要，因為能讓你完整檢視組合裡全部的工具、它們的功能及交互運作的狀況。數十個不同的應用程式有那麼多步驟和程序，還有資料在不同的系統間移動，會讓很多行銷人員感覺難以招架。繪製行銷科技組合地圖，就能讓所有的應用程式一目了然，同時看出工具之間的資料連結，也有助於行銷人員看清客戶資料在科技組合經過的旅程。

舉例來說，當客戶收到一封行銷電子郵件時，會回報行銷自動化平台；客戶點擊開啟登陸頁面，這個動作會儲存在Google Analytics或Adobe Analytics這樣的網站分析平台；接著，客戶可能會在網路研討會或其他活動宣傳應用程式中填寫個人資料。以視覺化方式看見一切如何運作，便能協助將流程簡化，確保資料前往該去的地方。繪製和記錄行銷科技組合的另一個好處則是，行銷人員可以發掘一些模式和其他提升成效的機會，帶來更多額外的行銷價值。

要怎麼繪製和記錄科技組合？首先，你要從最大型的平台開始下手，通常是指資料庫有最多紀錄、大部分行銷人員最常使用，或支援最多行銷活動的平台，常常是客戶關係管理、行銷自動化平台和客戶資料平台，這些就要繪製在中央。接著，把第二大或第二常用的平台畫在核心平台四周，這些可能是廣告平台、網路研討會平台、資料管理平台等。再者，要把不同平台之間存在資料整合的地方畫線連接，這可以幫助你了解資料如何在行銷科技組合的不同系統中流動。以此類推，繼續在核心平台周圍畫出同心圓，直到行銷團隊使用的工具全都畫在地圖上為止。

◆注意平台與資料整合

有一件必須特別強調的事，就是在行銷科技組合中，平台整合和資料整合非常重要。有人曾說：「平台整合是指不同應用程式與服務進行統合的過程。」[14]換言之，平台整合就是把一個平台和另一個平台連結在一起，以行銷科技的例子來說，就是將一個行銷科技應用程式與另一個行銷科技應用程式連結起來。資料整合是類似的概念，但專指把不同系統的資料匯入同一個地方。

在行銷科技領域裡，平台與資料整合十分重要，因為這樣一來，不同系統的資料就能用來改善行銷或洞察。在改善行銷這方面，行銷人員會統合兩個以上的行銷科技平台，創造更好的優惠和訊息。例如，線上／虛擬活動平台可以和行銷自動化平台相連，這樣就能透過電子郵件發送特定的行銷訊息給參與者（或高度互動的參與者），因此這兩個平台的整合便成功為潛在客戶和客戶創造更好的體驗。在改善洞察這方面，臉書或Google廣告平台儲存的資料可以和客戶資料平台統整，創造出更細分的回報。如此一來，行銷人員就能看出哪些特定的客戶與哪些特定的廣告或活動類型進行互動。從這些不同的平台整合資料，行銷人員就能更了解潛在客戶與客戶，做出更好的商業決策。

整合有不同的類型，一個整合工具可以進行多種類型的整合。第一種類型是單向同步，指某個系統的資料會一直匯入另一個系統，資料更新只會發生在這個方向，因此接收資料的系統如果有任何變化，不會影響匯入資料的系統。第二種類型是雙向同步，也就是兩個系統會一起更新。雙向同步的典型行為是，當一筆紀錄傳到一個系統中，和這個系統連接的另一個系統也會更新這筆紀錄，反之亦然。第三種類型是本地整合，也就是兩家行銷科技供應商只為彼此創造整合功能。例如，Salesforce.com是一款相當受歡迎的客戶關係管理，所以很多行銷科技供應商會特別創造本地整合，要讓他們平台的資料可以轉移到Salesforce的應用程式。第四種類型則是客製化整合，也就是公司或第三方為兩個以上的行銷科技應用程式研發整合功能。由於客製化整合不受被整合的行銷科技供應商監督，在成效和準確方面產生的結果可能不一。在許多整合類型中，本地雙向整合可以帶來最大的供應商支援和彈性，協助大部分的行銷科技活動。

◆關於應用程式市集

應用程式市集是有和某一平台進行整合的所有工具目錄。通常大型行銷科技供應商會設立應用程式市集，給所有想要建立並販售補充服務的公司和夥伴參考。Zendesk創造的應用程式市集便是一例，這是一款客服軟體即服務解決方案，其應用程式市集包含五百多種應用程式，是不同供應商為了補充或擴增Zendesk功能開發的。例如，Zendesk應用程式市集裡就有一款免費的工具Scratchpad，可以讓客服人員在協助客戶時做筆記，之後再回來檢視。行銷人員在挑選行銷科技供應商時，應考量到哪一家供應商擁有應用程式市集，可讓未來的使用案例加以運用。

◆整合平台即服務（iPaas）

平台與資料整合對管理行銷科技組合而言極為重要，因此甚至有應用程式被創造出來，專門服務這項需求。整合平台即服務可以連接並統一不同系統裡的資料，在整合平台即服務問世之前，行銷人員必須藉由開發和工程資源來建立客製化整合。整合平台即服務通常和許多行銷科技應用程式都已建立整合，讓行銷人員可透過拖曳的方式客製化自己的整合。例如，Workato 這個整合平台即服務供應商有一個使用者介面，可以讓行銷人員管理客戶關係管理系統、行銷自動化平台、即時通訊工具、網路研討會供應商等不同平台的整合。

◆手動更新系統的風險

值得一提的是，很多行銷人員都藉由手動完成系統間的同步，也就是從一個平台下載資料，再把資料上傳到另一個平台。雖然這似乎是遇到資料不一致問題時，一種低成本又快速的解決方式，但是兩個系統的資料永遠無法同步很長一段時間，之後可能會造成更大的問題，如技術負債。

◆誰負責管理行銷科技組合？

行銷科技的重要性與日俱增，因此需要專門人才管理並不令人意外。管理行銷科技的團隊通常稱為行銷營運，該團隊負責管理協助執行優良行銷作業的工具、流程及參數，行銷工具是我們思考行銷科技時會想到的東西，也就是行銷人員用來達成目標的科技；行銷流程是指任何可重複的一組動作、計畫和批准行為，能幫助行銷人員推行活動或與客戶互動；參數是指測量行銷成效（看看是否達成目標），以及產生洞察（協助改善行銷決策）所需的交付項目。雖然行銷營運的責任好像很大，但是在許多公司，這個團隊大部分的時間都花在管理工具這部分。

行銷營運團隊有哪些成員？行銷營運團隊雖然可能因為產業和公司大小而有所不同，但核心功能是相同的。不管是一個人要負責所有的工作，或者有一整個團隊的專家分攤，行銷營運團隊的責任都一樣。

技術管理員：行銷科技平台需要全職或兼職的系統管理員，這些專家要監督平台的系統構造、使用者角色和權限、資料治理，以及使用治理。以行銷自動化為例，這部分的技術管理員通常被稱為行銷自動化管理員。

產品人員：與產品有關的人員，包括產品經理、工程師和軟體開發者，負責開發能支援行銷的內部產品與功能。這可以指全新的專屬應用程式，或為第三方工具建立整合或改進功能。擁有產品資源的行銷營運團隊通常是替較大型企業工作，但小型組織也能與代理商或自由業者合作，或是把開發資源分享給組織內的其他團隊，藉此完成產品開發。

分析與回報人員：行銷團隊一定會有負責行銷回報的成員，無論是針對團隊本身或整個組織回報。這些專家要確保不同的行銷工具和通路，把資料匯入一個集中的地方，並且資料要整理成可存取、可操作的報告與儀表板。由資料科學家或工程師擔任這些角色雖然很有幫助，但是很多擅長資料的行銷人員也可以勝任，再和他人合作完成較技術性的任務。

賦能人員：賦能是行銷營運團隊裡負責與利害關係人交涉的成員。賦能成員的目標是，確保利害關係人確實採用並使用行銷科技，以產出正面的商業結果。賦能團隊非常著重訓練、收編、建立卓越中心、治理與政策，以及在整個組織內部分享行銷的最佳實務。

◆聘用行銷科技專業人員

擅長管理行銷科技的行銷人員，可以讓你的科技組合更上一層樓，因此發現適合人選，延攬到團隊是很重要的。可是，你應該找什麼樣的人？首先要思考一個問題：行銷科技人才和一般行銷人員有何不同？其中一個重要差異是，行銷科技人才很懂數位，偏好數位行銷。行銷科技人才當然有可能擅長行銷的多個領域，但通常在數位環境中比較如魚得水，很容易就可以培養搜尋、社交、電子郵件和行動裝置等數位行銷的專業領域。傳統行銷人員可能較擅長定位和訊息等較高層次的策略行銷概念，而行銷科技人才則較擅長即時的數位體驗，也對系統有濃厚的興趣，因為行銷科技主要是要把系統連接在一起，包括技術系統和與流程相關的系統，他們喜歡學習能讓系統運作良好的相關知識及最佳化系統，進而有效產出更多成果的方法。

你也會發現，行銷科技人才具備強烈的「建造者心態」，也就是喜歡為急迫的問題做出創新產品或解決方案。一般行銷人員發現問題後，可能會馬上尋求策略公司的答案，但是行銷科技人才會看看手上有什麼資源，想辦法結合並建構科技，做出客製化解決方案。擁有建造者心態的人也會向別人尋求建議，但是喜歡從內部解決問題，因此常常發明從未有人想過的解決辦法。此外，行銷科技人才要很快適應這個職業極端的變遷速度，新的通路和平台總是不斷推陳出新，數位消費者的喜好與渴望也一直在改變。有成效的行銷科技人才面對這種不確定性會保持彈性，在有必要或資料顯示目前的方式沒用時，就要進行軸轉。

為行銷科技職位設定目標

在開始搜尋和面試人選前，先花點時間定義，你為這個職位設定的目標和未來對這個職位的期許。清楚寫下這個人的職責，這樣他才會和整個行銷策略與團隊合得來。首先要弄清楚的是，這個職位要把全部時間投注在行銷科技，或者這是混合型職位。大型組織比小型組織的資源來得多，所以通常會有專職職位將所有時間投注在行銷科技的管理與最佳化。這很合理，畢竟大型組織的工具、資料及使用者都較多，會帶來更多的工作和管理時間。全職的行銷科技職位本質上也較要求技術，例如龐大的資料量可能需要熟悉資料科學、能夠撰寫基本資料程式語言的行銷科技負責人。

小型組織通常會僱用混合型的行銷人員，除了負責行銷科技外，也要從事傳統的行銷職務，原因有二：一是公司可能沒有預算聘請全職的行銷科技人才；二是公司可能沒有很多高度優先的行銷科技事項需要這些人才完成。換句話說，儘管一定會有行銷科技相關的任務必須完成，但是小型團隊花時間在其他事項會比較有利。如果你決定讓這個職位結合一般行銷和行銷科技，就必須尋找具備管理這兩個領域資歷或能力的人選。假如你為混合型職位僱用專才，但是這個人完全不想管理一般的行銷專案，日後可能會出現問題。

另一個重要的考量因素則是，你的行銷科技團隊未來會變成什麼樣子。你希望把團隊擴展到擁有好幾個成員，而最早僱用的成員就是團隊領導者嗎？還是你只想僱用一個人，這個人很多年都不會有其他的團隊成員？假如你想要快速擴張行銷科技團隊，好追上公司的成長速度，或達成高成長目標，就應該僱用在建立並管理團隊方面有經驗的行銷科技人才。僱用有經驗的行銷科技團隊領導者可以分攤求才的重擔，也讓團隊能有更穩固的長久基礎。假如在短期內不打算擴充行銷科技團隊，或者認為之後再聘請團隊領導者較好，在面試過程中就可以著重特定的個人技能。

應該注重哪些技能？

想在行銷科技領域做出成效，需要具備多種不同的商務與技術技能，最重要的技能之一，就是對行銷管理和最佳實務有所認識。如果行銷科技人才缺乏這方面的知識，很可能會把時間花在不重要的事物，或是無法理解實行平台和解決方案的目的。行銷科技人才必須明白行銷、與客戶互動、管理客戶生命週期，以及使用行銷產生商業結果的目的。再者，行銷科技人才應該對資料科學與分析有基本認識，但這不表示應具備電腦科學領域的學位，不過由於行銷科技經常涉及資料的管理與分析，沒有相關技能的人會處於嚴重劣勢，因此行銷科技領域的行銷人員應該了解統計學、資料庫、欄位型式等資料科學概念。

另一組重要的技能則是策略規劃和變革管理，這些是成功的行銷科技管理經常受到忽視的部分。策略規劃是指找出對公司或部門最重要的目標，並根據目標安排專案與時程的過程，這在行銷科技領域至關重要，因為永遠都有可以嘗試的專案和可以實行的工具，所以行銷科技人才必須挑出最有成效的選項來完成工作。變革管理是指和不同的利害關係人溝通，以成功推動新計畫的技能。例如，如何讓一個團隊停止使用某個行銷平台，開始使用另一個行銷平台，就需要變革管理。行銷科技人才應該擅長變革管理，因為籠絡人心、確保工具受到採用，是行銷科技成功的關鍵之一，缺乏擅長變革管理的負責人，大部分的行銷科技都會在實行前夭折。

這源於另一個重要的技能，就是強大的溝通能力。行銷科技負責人要能把行銷科技的價值傳達給領導階層和整個組織。例如，很多主管不明白在行銷科技系統中擁有良好資料的價值，有技巧的行銷科技負責人會說明，好的資料品質可以讓行銷更個人化、銷售交接做得更好、轉換率提高，最終帶來更多收益和利潤，這些行銷科技負責人有辦法獲得，為了有效管理行銷科技所需的投資與資源。另一個溝通技能則是，把複雜難懂的技術概念轉變成容易理解的資訊，講給利害關係人聽。對不屬於數位領域的行銷人員來說，很多行銷科技的概念很難馬上理解，因此使用簡單易懂的方式，說明行銷科技平台的目的和運作方式很重要。這樣一來，就能快速和不同團隊達成配適，也能為未來會出現的各種行銷科技推動計畫爭取支持。

應該注重哪些背景？

若是資深的行銷科技職位，應該高度重視過去是否具有行銷平台的經驗。客戶關係管理、行銷自動化平台、客戶資料平台等較大型的行銷科技平台，需要很多時間學習，以及比學習更多的時間來掌握策略概念，所以僱用有經驗的人才可節省許多時間；若是資歷較淺或入門的職位，經驗就不那麼重要。具備數位行銷的經驗是未來在行銷科技上取得成功的重要指標，因為數位行銷人員需要經常接觸行銷科技，雖然他們可能不曾擁有或管理平台。數位行銷也需要進行資料分析和活動最佳化，這些技能都可輕易用來管理行銷平台。假如沒有數位行銷的背景，也可以留意專案管理或營運方面的經驗。管理專案和管理公司營運所需具備的細心特質，很適合運用在行銷科技的管理。

適合詢問行銷科技求職者的問題

「你喜歡行銷科技工作的什麼地方？」

這是很棒的問題，因為行銷科技負責人應該對行銷科技這個行業，以及它能為公司做的事很感興趣。對這個行業有興趣的人會不斷尋找方法改善行銷科技，也會一直注意和客戶互動與產出結果的新策略和新科技。喜歡建立解決方案、整合工具、分析資料、使用科技改善客戶體驗，都是很好的答案；如果求職者表示是因為找不到其他職務，或是因為別人都不想做這個工作，所以只好被分配到行銷科技的職位，就不是很好的回答。

「你在購買行銷科技時會注意什麼？」

從這個問題能看出，求職者選擇行銷科技時會採取什麼策略，以及選擇背後的邏輯。行銷科技應該協助實踐策略，幫助團隊達成目標。你要尋找會思考公司整體目標和行銷科技，可以如何支援這些目標的人選，注意求職者的回答是否顯示對科技組合具有長遠規劃與未來的打算，要小心那些選擇行銷科技時不經思考的求職者。

「你在管理行銷科技平台時，會考慮哪些重點？」

從這個問題能看出，求職者如何思考行銷科技的大局，以及怎麼安排優先順序和專案。這也能讓你感覺求職者管理行銷工具是否很有經驗，要尋找會思考整合、採用和投資報酬率的人選。行銷科技人才在管理工具時，應該抱持不斷帶來高價值商業成果的意圖，要小心純粹把管理行銷科技當成不得不完成待辦事項的求職者。

「你在檢視行銷報告和行銷系統報告時，會思考哪些重點？」

從這個問題能知道，求職者針對資料、行銷科技成效和整體行銷成效的想法。一般求職者可能會對提高開啟率和轉換率等基本參數有興趣，但較優秀的人選則會針對行銷對整家公司的貢獻、行銷活動投資報酬率，以及行銷科技投資報酬率感興趣。

行銷科技負責人工作說明書範本

行銷科技負責人會接觸到整家公司的各個利害關係人，致力於開發和管理行銷科技組合、創造絕佳的客戶體驗，並為組織帶來正面的商業結果。這個職位的責任包括設立科技組合的長遠目標、找出對的工具和科技來實現行銷成功，以及測量並回報行銷科技的成果。

應徵資格：

一、在行銷科技管理方面有幾年的經驗（或相關經歷）。

二、曾使用各種行銷平台，如行銷自動化、客戶關係管理、客戶資料平台、廣告工具、資料豐富化服務和客戶互動平台。

三、有紀錄證明你曾帶頭實行及／或遷移行銷平台。

四、具備使用科技解決複雜的客戶和商業問題的能力。

五、有和銷售、行銷、客戶成功、財務、產品及主管階級，進行跨部門合作的經驗。
六、具備訓練使用者用最好方式運用行銷科技的經驗。

加分條件：

一、有使用特定行銷平台的經驗，如（列出相關科技名稱）。
二、擁有特定行銷平台的證書，如（列出相關科技名稱）。
三、精通專案管理和計畫管理。
四、可以的話，最好具備資料科學和資料視覺化的經驗。
五、證明自己具備在全球化組織內部帶領大型變革管理計畫的能力。
六、優秀的書寫和口語溝通能力。

◆建立行銷科技組合的可能風險

雖然規劃和建立行銷科技組合是令人興奮的事，但其中卻有很多地方可能出錯，在建立科技組合時，請小心以下的陷阱。

新奇事物症候群：是指行銷人員受到最新的工具、通路或平台吸引，純粹因為那些東西是新的，可能是全新、尚未經過測試的社群媒體通路、戰術或行銷應用程式。新奇事物症候群的危險之處在於，可能會讓整體行銷策略偏離正軌，更糟的是可能完全破壞你試圖完成的事。新奇事物症候群是行銷人員最深層、最普遍的問題之一，行銷人員會允許科技影響策略，而非做出正確的行為，也就是由策略主導科技。

閒置軟體：是指沒有使用、被閒置一旁的科技，這可能是新奇事物症候群的後果之一，或純粹是規劃或賦能不當所造成。常見的狀況是，行銷人員在沒有籠絡整個團隊的前提下，自行購買一款新的行銷科技應用程式，結果過了一段時間，該應用程式還是無人使用。閒置軟體不僅浪費金錢，還可能非常削減士氣，因為利害關係人往後會不願意再嘗試新科技，把先前的閒置軟體當成先例。

沒有安置適當的人才：遺憾的是，許多公司的領導階層（甚至行銷領導者）都不明白行銷科技需要專業。實行並適當地管理行銷科技，需要技能和勤勉。行銷自動化平台、客戶資料平台、客戶關係管理系統和分析工具等大型的行銷科技平台特別如此，需要有經驗的科技專才管理。如果團隊在公司內部找不到這樣的人才，高度建議要找顧問或代理商協助推動行銷科技。欠缺適當的技術指導，行銷科技很可能淪為閒置軟體，更糟的是還會對消費者和利害關係人帶來不好的體驗。

不明白實行行銷科技需要時間：你覺得實行新的行銷科技平台需要花費多久的時間？將一個平台遷移到另一個平台又要多久？若是在企業層級，這種範疇和規模的計畫至少得花六個月完成，知道這一點會讓你很吃驚嗎？雖然更緊湊的時程也有辦法做到，但是最好的實行過程要經過妥善地範疇界定與規劃，期間需要利害關係人大量付出。在行銷科技領域要是太急躁，會導致實行不佳、交付項目遭到遺漏及技術負債。

資料不一致：這是行銷科技負責人時常忽略的問題之一，在一個多層次、包含數十種工具的行銷科技組合裡，資料會出現在不同地方是很正常的。如果在每個系統中，資料的蒐集、保健、正規化和格式都不一樣，就會造成資料不一致。當資料在多個平台都不一致時，可能會影響目標設定（不確定該寄送或傳遞給誰），以及回報（跨系統參數不相同或不可靠）。資料不一致的情況會隨著時間變得越來越嚴重，所以最好確保你能用一致的方式蒐集資料，並持續致力於資料標準化。

去中心化的行銷科技：大型公司很容易想把行銷科技去中心化，尤其是跨國組織。所謂的去中心化，是指行銷科技被不同團隊或不同地區的辦公室所持有。去中心化會帶來的問題主要有兩個，就是冗贅和不好的客戶體驗。一家公司運用的行銷科技工具，如果沒有中央監督，各團隊可能會買到用途一樣的重複工具，這可能是喜好的問題（某個團隊較喜歡某個工具的使用者介面），也可能純粹是因為團隊不知道已經有現成的工具可以滿足需求。去中心化的行銷科技也可能因為資料不一致，而造成不好的客戶體驗。舉例來說，某電子郵件行銷工具的資料庫可能把一筆紀錄標註為「客戶」，另一個電子郵件行銷工具卻將同一筆紀錄標註為「潛在客戶」，同一位消費者可能就會收到客戶電子郵件和潛在客戶電子郵件，出現非常脫節、令人氣惱的體驗。

影子資訊科技：是指員工未經資訊科技許可所購買的科技產品。行銷科技領域也會發生同樣的事，就是行銷人員（有時是銷售人員）在負責管理行銷科技團隊不知情的情況下買了行銷科技產品。這個問題和去中心化的問題有些雷同之處，但是影子資訊科技更棘手，因為行銷科技團隊可能永遠不知道這些工具存在，也永遠沒有機會監控法規遵循、資料安全及客戶體驗影響等層面。

如何避免可能風險？

第五章會談到這個部分，但是簡言之，在深思熟慮後擬訂行銷科技策略，並籠絡主管領導階級，就能克服大部分的風險。讓策略主導科技，同時爭取跨部門領導者支持，行銷科技負責人便能行使建立高成效科技組合需要的治理權。

◆關於銷售科技與銷售自動化

銷售科技領域的成長值得注意，包括銷售自動化／節奏工具，可以讓銷售人員變成「迷你行銷人員」。有些人可能不認為這是「正式」的行銷科技（因為這些工具能讓銷售團隊一次觸及多人），但由行銷團隊管理這些工具和接觸點是很重要的。最好的做法是讓行銷科技團隊持有這些工具，然後運用本書列出的治理策略，假如無法做到，行銷團隊應該與銷售和銷售營運團隊合作，確保無論使用什麼工具，消費者都能接收到充滿尊重、善解人意的客戶體驗。

- 行銷科技組合是行銷人員持有或使用的所有工具，可協助達成他們的商業目標。
- 行銷科技組合會因為組織的規模和類型，而呈現非常不同的規模大小。
- 行銷科技組合必須進行整合，資料才能在公司和客戶之間流動。
- 行銷營運通常是負責行銷科技的行銷部門。
- 僱用行銷科技團隊的成員時應慎選人才。
- 建立行銷科技組合時要注意很多可能的風險，包括選擇「新奇工具」和購買不會用到的工具。

第五章
讓 Martech 組合發揮最高成效

◇◆◇

高成效的行銷科技組合設計有三個目標。

第一，行銷人員需要可以協助達成目標、創造絕佳客戶體驗的科技組合，也就是在這個內部生態裡的各種工具應該有支援行銷作業的功用。

第二，高成效行銷科技組合會透過行銷整理來提升效率。這裡的效率是指行銷科技工作流程與行銷科技資料流動這兩方面，在工作流程這方面，行銷人員（及其他利害關係人）必須能存取和使用科技組合裡的各種應用程式，沒有人可以登入使用或知道怎麼使用的科技組合，是非常無效率的科技組合；在資料流動這方面，資料必須能在平台之間移動，以支援目標設定和回報等行銷活動，假如資料被孤立在某個平台，或是需要付出很大的心力，才能從許多不同的系統拼湊出報表，就太沒效率了。

第三，高成效行銷科技組合應該獲得充分運用，帶來行銷科技的投資報酬率。行銷人員必須好好使用行銷科技組合的工具，否則行銷科技的預算就會完全浪費。好好規劃收編和訓練計畫，並持續監控與回報使用狀況，就能確保行銷科技獲得採用。

◆高成效行銷科技組合的設計原則

在設計高成效行銷科技組合時，要記住幾個大原則，就是客戶旅程、標竿學習、簡潔、資料整合和統一回報（圖5.1）。

客戶旅程：行銷科技組合裡的工具，應該依照客戶旅程安排，這是指行銷人員應列出客戶一路上經過的不同階段，以及從覺察到擁護的各個接觸點。行銷科技的重點應該是改善旅程中每個階段的客戶體驗，進而改善轉換率和每個客戶的整體收益價值。例如，典型的客戶旅程可以分成幾個階段：覺察、考慮、評估、購買和擁護。行銷人員應該列

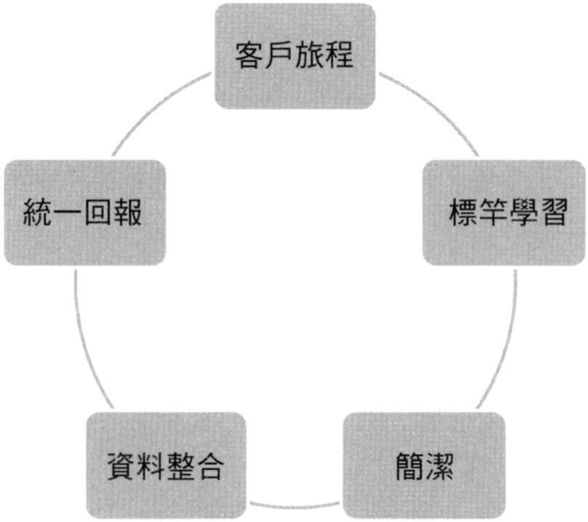

圖5.1　高成效行銷科技的設計原則

出每個階段的不同接觸點，然後詢問自己：「我們有沒有適當的科技，可以在各個接觸點創造絕佳的客戶體驗？」舉例來說，假設我們想改善購買頁面的轉換率，這發生在旅程中的購買階段，行銷人員可以利用A／B測試工具進行實驗，判斷哪一個版本的文案、排版和資料，會讓潛在客戶感覺較舒服，願意變成掏錢的客戶。

標竿學習和業界標準：在設計高成效行銷科技組合時，還要記住一個關鍵原則，就是與行銷產業和特定產業的龍頭、強力使用者和創新者進行比較。例如選擇資料豐富化平台時，了解頂尖公司都是使用什麼工具豐富化資料，以及如何將資料豐富化融入自己的行銷科技組合，是很有價值的，這對相似產業的同儕，以及強力使用者和創新者而言也是如此。學習並考慮採用相似產業其他人的最佳實務有很多好處。第一，行銷人員可以看出不同的公司如何大規模又長時間使用某個特定科技。這很有幫助，因為行銷人員雖然通常會進行試用或試驗，大致摸清工具好不好用，但是測試的時間很短，難以獲得需要的資料。

其次，行銷人員可以從他人的錯誤中學習，避開推動行銷科技工具時可能出現的問題。行銷人員使用任何新科技，通常會經歷一段試誤時期，所以從別人的錯誤中學習，可以節省時間和資源，是很有利的。

最後，學習最佳實務（有時候也可以學習單項優勢軟體的行銷科技供應商），還有一個好處就是，行銷人員可以從這些服務的成長和創新中獲益。許多頂尖的行銷科技供應商會不斷增加新的功能、整合及整體優良服務，讓行銷人員受益良多，用來和客戶互動。

簡潔勝過繁複：高成效行銷科技組合設計還有一個關鍵原則，就是應該建立簡單直觀而非步驟繁雜的解決方案。使用一個可以支持三種功能的平台，比擁有三個不同的解決方案再結合起來更好。第一個理由是，行銷科技組合通常會隨著時間變得越來越複雜，資料量增加、使用者增加，行銷團隊必須達成的東西也增加，因此執行小型簡易的行銷科技組合會比大型組合來得容易。行銷人員應該從簡單開始，之後有需要再慢慢增加複雜度。

第二個理由是，簡單的組合不需要很多人即可管理。簡化的科技組合較容易記錄，工具少也較容易管理使用者權限。這也包含訓練，因為只要多一樣工具，都會需要訓練和收編團隊的每個成員。

第三個理由則是，簡化的科技組合較不會出錯。可活動的元素和多層次的組成越多，出現配置錯誤、使用者錯誤和資料問題的機會就越多。比方說，如果資料在不同的系統之間移動，每個額外的步驟都有可能改變或惡化資料，進而破壞行銷過程。

資料整合：一份在LinkedIn上進行的調查顯示，在四百三十八位行銷人員中，有五六％的人表示，選擇行銷科技供應商的首要考量是「可用的整合」（圖5.2），這強調行銷科技組合擁有完善連結的重要性。

從一開始，行銷科技組合的設計者就必須思考資料整合和資料流動的問題，這是指資料在不同平台之間的移動方式，還有同步是屬於單向或雙向。正確的行銷和客戶資料必須能在平台之間移動，因為所有的行銷工作都需要可存取和可操作的資料。例如，行銷人員需要在線上活動前後，寄發電子郵件給網路研討會參與者，並在客戶關係管理系統裡記錄參與者的互動狀況。因此選擇具有本地整合的網路研討會、電子郵件及客戶關係管理平台是很重要的，或者這些平台至少要有開放的應用程式介面（Application Programming Interface, API），才可能進行整合。資料整合方面的問題會拖累行銷團隊的速度，最糟的情況還會讓他們無法和消費者做出即時又具相關性的交流。可能的話，行銷人員應該選擇使用能雙向同步的平台，使資料在兩個系統中同時更新，讓資料保持在可操作的最新即時狀態。

統一回報：設計高成效行銷科技組合時，還有一個大原則必須記住，就是統一回報。統一回報是指把重要的客戶接觸點和收益資料結合在一起，做出準確的商務報告與儀表板。例如，網站分析工具、電子郵件行銷工

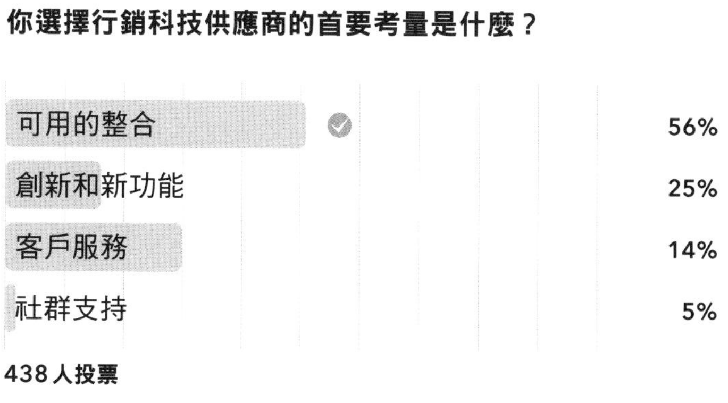

圖5.2　LinkedIn票選結果

具及客戶關係管理的資料，應匯集在同一個地方，以便進行分析和建立報告。雖然也可以從個別系統中手動下載資料，但是這個方法很麻煩又經常不準確。挑選行銷科技組合的組成工具時，請確保平台能互相整合，無論是透過本地整合或客製化整合。

◆你的行銷科技組合有這些缺陷嗎？

成效不彰的行銷科技組合很容易看得出來，如果以下有任何特點說中你的行銷組合，就表示還有很大的進步空間。

不夠完整：行銷人員如果缺乏用來實現目標，或創造優良客戶體驗的科技，就表示行銷科技組合還不夠完整。雖然有些行銷團隊可能因為缺少預算或人才等原因，必須在短期內接受不完整的組合，但不完整的行銷科技組合長期將有損商業成果。

重複累贅：欠缺連貫的策略或團隊之間溝通不良，經常造成行銷科技出現重複累贅的情況。一個地區的辦公室可能有社群媒體聆聽工具，但是另一個地區也有一模一樣或功用相同的工具，這不僅浪費行銷預算，還可能會讓行銷團隊創造脫節的客戶體驗。

缺乏整合：如前所述，資料應能流過行銷科技組合的每個組成，以便支持和客戶互動的行銷活動，以及客戶洞察與回報，孤立在某個平台中或很難在其他平台上運用的資料，會造成行銷無效率。

使用率低：這是導致行銷科技組合成效不彰的另一個原因，是指行銷工具的預期使用者沒有使用應該使用的工具，使用率低會造成工具變成閒置軟體。訓練不足是使用率低的常見主因，但行銷工具背後缺乏目的和使命也是很大的原因。有時行銷科技採購會因為某些自以為的好處，而訂閱行銷科技應用程式，但是由於他沒有取得實際使用者的回饋，這項工具想要解決的需求其實並不存在。

◆如何判定需要支援的功能中哪些最重要？

建立行銷科技組合前，必須先列出行銷科技需要支援的重要功能。行銷團隊必須思考三件事，分別是整體商業目標、利害關係人需求及客戶體驗。

整體商業目標：列出行銷科技需要支援的重要功能時，行銷人員應該會浮現行銷和商業領導階層的關鍵動機與驅動力。例如，獲得新客戶和降低成本哪一件事比較重要？公司應該聚焦在獲取新客戶，還是擴大既有客戶？公司有大型的銷售團隊，需要很多銷售賦能工具嗎？公司大體上是由需要很多最佳化與測試工具的自助漏斗驅動的嗎？想一想這些問題的答案，再列出行銷科技團隊需要支援的重要功能。

利害關係人需求：之前強調的是從公司領導階層得知所需的功能，利害關係人需求則是透過和內部客戶配合來獲得。利害關係人包括近似行銷的部門、銷售、營運、客戶成功、財務及其他許多團隊。要了解利害關係人的要求，有一個很有成效的做法，就是舉辦工作坊和建立內部收取系統。定期舉辦工作坊（理想上為每季一次），然後邀請相關利害關係人一起檢視目標和路線圖，分享他們對完成工作所需的功能和工具有什麼需求。工作坊特別適合得到開放式問題的答案，真正了解利害關係人對於會對他們產生影響的專案和工作流程有什麼感受。再者，你要建立內部收取系統，這是一個標準流程，可以讓相關利害關係人遞交為了達成目標必須滿足的需求。利害關係人需求雖然應該隨時滿足，但是要記住，如果這與公司和領導階層的整體目標發生衝突，就必須放在第二位。

客戶體驗：在行銷科技方面（商業整體來說也是），把焦點放在客戶體驗是永遠走在最前方的好方法。行銷人員只要好好思考客戶和公司互動的各種方式（無論是透過網站、電話、訊息或電子郵件），並且找出問題點和使用科技改善體驗的方法，就一定可以確保自己投資在對的地方。例如，行銷人員應該了解客戶和潛在客戶能否輕鬆瀏覽公司網站，獲取需要的資訊。行銷人員可以利用熱力圖和A／B測試應用程式等網站分析工具，監測客戶行為，評估這個問題，必要時進行調整。

◆建立行銷科技組合的各種方法

要建立有成效的行銷科技組合，方法不只一種。行銷人員應該了解有哪些不同的途徑，可用來描繪自己需要的科技，以及選擇最適合組織的工具。

精實組織：零基預算

第一種方法很適合預算少的小型組織，稱為零基預算（Zero-Based Budgeting, ZBB）。在這個方法中，團隊新的年度都要「從零開始」，與前一個年度的預算相比，找出為了達到目標的絕對必要花費。使用這個方法時，行銷團隊要看看為了和客戶互動、整體管理行銷，以及一一增加工具所需的重點功能。例如，假使行銷團隊認為需要網站管理、電子郵件行銷和回報平台來支援行銷的功能，就會先在科技組合放入內容管理系統、電子郵件服務供應商（Email Service Provider, ESP）與分析工具。接著，會再檢視自己的預算和次要需求，然後慢慢增加工具。例如在他們的計畫中或在這個年度的期間，可能發覺有一個網路研討會平台對線上活動很有幫助，評估是否有可用預算能購買這項工具後，團隊不是會接洽一家新的網路研討會供應商，就是會向公司提出正當理由以增列預算。這種精實方法雖然較符合小型組織的需求，但任何公司都能藉此降低成本、保持敏捷。

企業生態：需要完成工作

下一個方法較適合預算更多、資源需求更大的企業類型公司，稱為需要完成工作（Jobs-To-Be-Done, JTBD）。在這個方法裡，行銷團隊要列出接下來一整年必須實現的所有功能，接著進行盤點和審計，寫出目前的行銷科技清單，以及這些工具可實現的每個功能（也就是「需要完成工作」）。這個做法可看出目前的系統結構是否存在任何缺漏，讓行銷人員撥出預算，購買需要的科技（本章後面會提到）。例如，假設在清點的過程中，發現公司已經訂閱行銷自動化平台、客戶資料平台及影片行銷應用程式。在這個部門，需要完成工作可能包括潛在客戶培養、資料正規化、影片行銷和資料豐富化。由於資料豐富化工具不存在現有的科技組合，行銷團隊就會開始進行研究和需求建議書的流程，獲取資料豐富化服務，這個方法適合需要得到特定工具，以完成目標的大型團隊。

混合法（客製化／迭代）

在今天這個變化多端的動態市場，組織應該採取混合法。混合法結合前兩種方法，著重在行銷科技組合管理的迭代本質。

選擇關鍵平台：與精實法類似，使用混合法設計行銷科技組合的行銷團隊，應該選出用來行銷的主要平台。不過，並非要挑選絕對不能沒有的平台，而是要選擇可幫助團隊獲得競爭優勢的平台，也就是團隊要檢視產業、市場占有率、定位，以及人才和資源，判斷哪些行銷平台可給予競爭優勢。例如公關很強、社群媒體表現不錯的公司，可以著重在能讓它們快速產出、發表，以及在各種不同通路重製內容的工具。舉例來說，SproutSocial.com 是多通路的社群媒體管理平台，在同一個地方提供多種上述的服務，對想投資社群內容的團隊是很棒的選擇（雖然比其他社群媒體服務來得昂貴）。

競爭優勢：這個概念也適用於科技組合中第二和第三重要的平台選擇，行銷團隊應該在檢視行銷科技服務選項時，詢問自己：這個平台會為我們帶來什麼逆轉性的優勢？例如，假使與競爭對手相比，某個組織的現場銷售團隊相對成熟，選擇可以讓銷售人員加速實現價值時間的行銷科技，便能強化組織的市場龍頭地位；反之，小型新創公司若想奪取市場龍頭的地位，可能會想投資創新通路，以更個人化的方式與受眾互動。Sendoso、Alyce及PFL等郵件贈禮平台，提供自動發送個人化禮物給客戶和潛在客戶的功能，讓無法與大型直銷公司競爭的組織，有不同方式可以和客戶聯繫。

迭代：雖然所有的行銷科技設計方法都應該納入迭代這個原則，但是這對混合法來說格外重要，因為團隊應不斷評估會給予競爭優勢的科技。行銷人員應該每季詢問以下的問題：我們有適合的行銷科技幫助達成目標嗎？目前的行銷科技組合可以讓我們保持獨特優勢嗎？市面上有哪些額外的工具可以讓我們和客戶互動、超前競爭對手？這些問題的答案可以帶來相當多資訊，更換還算滿意的平台，改用可協助產出更多商業成果的平台，其實並不罕見。迭代的概念也可以是指用不同方式運用現有科技，進而最佳化行銷，在之後的章節會談到。

◆ 如何選擇關鍵的行銷科技平台？

市面上有許多很棒的選擇，尤其是行銷自動化平台和客戶關係管理等主流行銷科技。大型的行銷科技供應商和服務已經存在十年以上，創造很多健全又可擴充的平台，能為幾乎每個產業提供服務。雖然這些平台的任何一個或許都能支援行銷團隊需要的功能，但是仍有幾個重要原則可確保你為團隊挑選適合的工具。

預算和投資報酬率潛力

你應該選擇預算內的行銷科技平台，這一點聽起來雖然好像很明顯，但還是要點出。其中有兩個面向，分別是嚴格預算項目和投資報酬率潛力。嚴格預算項目是指，基於財力而不可能購買特定行銷科技平台的情況。有些平台每年收費數十萬美元，精實的小型團隊很難買得下手，雖然你可以提出理由，要求更多預算，但最好還是只評估團隊能合理負擔的科技。另一個概念則是投資報酬率潛力，適用於任何規模的組織。投資報酬率的計算方法是，將投資帶來的銷售額減去投資成本，再除以原本的投資成本。要計算行銷科技平台的投資報酬率並不容易，因為很可能還有其他因素會介入，因此關鍵就在於將行銷科技工具帶來的特定銷售或收益，正確歸因和獨立出來。例如假設購買一個專案管理工具，可以讓團隊產出兩倍的行銷活動，就能把額外完成的行銷活動帶來的銷售，算進投資報酬率的公式，投資報酬率潛力是索取並獲得更多行銷預算的根本方法之一。

參考線上和線下評論

公允的評價可協助行銷團隊決定最適合的行銷科技平台，G2Crowd和Capterra等評論蒐集網站會向全球各地的使用者蒐集評價，自動生成評分，讓人可以輕鬆比較。許多評論都會提供購買特定工具的使用者真心話，分享行銷科技供應商不願透露的絕佳見解。除了線上評論外，行銷科技採購也能從同業了解許多資訊，打電話或到Slack社群聊天都很有幫助，行銷人員可以詢問關於使用案例或客製化整合方面的細節。許多線上社群和論壇都有專門的通路，可以討論特定行銷平台的優缺點。

未來的狀態、可擴充性和穩定性

行銷人員必須向前看一到五年，考量今天挑選的行銷科技未來還是不是正確的選擇。要做到這一點，行銷人員必須分析公司的未來狀態，以及行銷科技供應商的可擴充性和穩定性。關於未來狀態，你應該詢問以下這些問題：未來一到五年，我們的客戶是誰？我們會使用哪些通路宣傳？我們發起的活動量有多大？我們需要分析和回報的資料量有多大？你要回答這些問題，然後和行銷科技組合裡的每個工具進行比較。

至於可擴充性和穩定性的部分，行銷科技供應商應該能支援你未來行銷需求的大小與規模。關於可擴充性，要詢問：這家行銷科技供應商可以支持我們未來希望擁有的客戶大小與規模嗎？他們可以支援我們預期會發起的活動量嗎？如果時候到了，他們可以支援我們的資料需求嗎？關於穩定性，則要詢問：這家行銷科技供應商有充足的資金嗎？他們處於成長期還是衰退期？他們未來的路線圖為何？併購會對他們提供的服務造成什麼影響？行銷科技版圖變遷的速度很快，每個月都有許多平台消失，因此必須確保合作的供應商未來仍能繼續支援行銷需求。

小心「血刃」

在科技領域裡，「血刃」（Bleeding Edge）是指還沒經過充分測試、未被大眾使用的硬體或軟體。這些新潮、創新的解決方案只受到早期採用者使用，可能會出現沒有預料到的危險後果，導致「流血」。擁有實驗和革新的文化雖然重要，但是行銷人員應該謹慎使用，可能造成糟糕客戶體驗或利害關係人體驗的應用程式。舉例來說，如果行銷人員使用可揭露潛在客戶聯絡資訊的工具，快速且頻繁與他們互動，短期結果可能是正面的，但長期卻會導致不好的客戶體驗。有了《一般資料保護規則》（General Data Protection Regulation, GDPR）等隱私和資料遵循法規出現，可能觸法的新戰術會帶來災難。雖然這是較為極端的例子，但行銷人員在嘗試未經試驗的平台和行銷應用程式時還是要小心。

試用和試驗

免費試用或小規模的試驗，是挑選行銷科技最有效的方式。這個方法成本低，可以讓你看看工具運作的方式是否如同供應商所描述，也可以看看適不適合公司內部使用者。所謂的免費試用，就是軟體供應商在有限時間內，讓客戶使用他們的產品或服務，無須付費。免費試用軟體的用量和功能限制不盡相同，例如某些免費試用可能會限制用量，或只允許使用特定功能。至於所謂的試驗，則通常會讓客戶完整使用產品或服務，但是使用期比全心投入使用需要的時間還短，例如平常每年收費一萬兩千美元的供應商，可能會提供一個月的試驗期，讓客戶只要支付一千美元就能完整使用服務，試驗期結束時可取消訂閱。

免費試用和試驗也能讓行銷人員測試與現有工具之間的整合，確保相容性和資料流動，假如新平台和其他工具無法順利整合，行銷人員便能在風險最小的狀況下取消。免費試用和試驗的另一個好處是，行銷科技負責人可以看看利害關係人能否順利採納並使用新平台，沒有產生什麼問題。使用率低是行銷科技平台的一大問題，試用可提供低成本的試水溫方法。免費試用和試驗雖然好處多多，但也別忘了機會成本，實行任何新工具都會浪費所有使用者的時間，尤其是管理員和執行者。即使一毛錢也不必付，行銷人員仍須有策略地運用選擇參與的免費試用和試驗。

最糟情境測試

購買新的行銷科技平台前，必須考量最糟情境會帶來的影響，假如這個新科技的一切都出錯，要怎麼全身而退？有的行銷科技供應商堅持簽訂長期合約，如果工具未能達到預期效果，就會產生負面影響。詢問以下這些問題，做好準備：退費政策是什麼？可以提前解約嗎？多久可以開始使用次佳的替代選項？如同前面所述，只要搜尋並運用同業的評論，這些風險大部分都能避開，但有備案總是好的，如果在最糟情境下沒有解決辦法，也要納入決策的考量。

管理的時間和人才

挑選行銷科技時有一個常被忽略的層面，就是要確保你有時間和人才資源，可充分發揮某種工具的潛力。很多行銷人員誤以為買了新科技，就能解決問題、帶來成果，但事實並非如此。例如以企業規模來說，大型行銷自動化平台和內容管理系統就需要整個團隊進行管理。除了具備管理這些應用程式心理素質的人才外，也必須確保得到對的技術人才。

行銷科技管理是行銷領域裡較需要技術的層面，雖然不見得需要得到工程師或軟體開發者，但也應該具備對數位熟悉、有科技相關經驗的專業人員。公司花費數十萬美元購買健全的行銷平台，結果卻因為找不到適合的人才管理，導致工具閒置一旁，無人問津數個月，這樣的恐怖故事時有所聞。要確保你已經準備妥當，一個原則就是每個行銷平台都應該有一位產品擁有者、管理員和贊助者。產品擁有者負責合約、解決衍生問題、確保公司從這項工具獲得投資報酬率；管理員負責平台的日常運作，並支援和治理使用者；贊助者通常是相信這項工具的領導者或主管，如果出現有人不願意使用或推動工具的情況，就可以介入。購買新平台之前，先確保你找到產品擁有者、管理員和贊助者，可以省下很多時間與心力交瘁的情況。

◆決定停用系統的注意事項

有時你會需要「終止」行銷科技工具的使用，可能是因為要用其他平台取而代之，也可能是因為它不再能為你帶來投資報酬率。終止工具是指所有使用者和所有相連的系統，都停止使用這個系統的過程。

首先，你要列出即將終止的平台為公司提供哪些使用案例和好處，如寄發電子郵件、生成報告和代管內容。列出這些事項後，你要擬訂計畫，在平台停止使用後為對應的使用者支援這些功能。支援方式可能是改用不同的科技，也可能是找出替代辦法，完成同一件事。有時你可能不打算繼續支援某個使用案例，就必須清楚記錄原因，否則有的使用者可能會抱怨無法再運用該功能。

再者，你要看看即將終止的工具與哪些系統連接資料流程，常見的包含和客戶關係管理、行銷自動化平台、活動平台及回報工具之間的資料整合。平台終止後不再傳送資料，可能會讓報告出錯或無法運作，所以最好事先計劃如何處理。為所有資料流程擬訂好計畫後，要清楚告知相關利害關係人「終止」平台的時程，包括終止日期、終止原因，以及他們要繼續執行工作必須完成功能所需採取的步驟，千萬別低估清楚溝通的價值！

◆行銷科技組合的潛在問題

無論行銷科技組合設計得多好，總會出現一些肯定需要加以處理的問題：

學習曲線陡峭：對行銷人員而言，健全的平台很不好學習。行銷人員雖然日益通曉數位科技，但還是遠遠落後資訊科技和工程領域的技術專家。若是沒有清楚的學習路徑和持續支援，有些行銷人員可能永遠學不會新的行銷科技平台，進而導致無法採用平台和閒置軟體的產生。

未授權的使用案例：許多組織（特別是企業級組織）都必須處理行銷人員以非預期方式使用科技的問題。例如，一個用來存放簡易登陸頁面的行銷科技工具，可能變成行銷人員存放所有內容的主要平台，會這麼做可能是因為登陸頁面的工具比被指定為內容管理系統的工具還容易使用，但這可能導致成本和功能方面的問題，因為有些工具不適合大容量或非標準的使用案例，會造成工具很不好治理，而且假如行銷人員使用平台的方式違反合約條款或遵循法規，還會帶來大麻煩。要避免這件事發生，就必須清楚寫明，並向使用者說明行銷科技應用程式的用途，以及不該使用的方式。

服務中斷：就連最大型的行銷科技平台，也可能出現短暫中斷的情形，有時可能是一個問題（通常是伺服器或處理相關的問題），導致行銷人員無法進入平台，有時則可能是代管的資產或活動完全停止運作。某些特定的供應商較常有這種情況，要處理這種問題，你必須事先擬好備案和溝通計畫。備案會列出使用替代服務，支援行銷所需採取的步驟。然而，若是較大型的行銷科技工具服務中斷，尋找替代方案大概不是可行方法。溝通計畫則會擬訂在必要時該如何與客戶和利害關係人溝通。大多數時候，行銷科技服務中斷只會影響內部利害關係人，但也該為客戶溝通做好準備，以防萬一。

缺乏支援：行銷科技產業還有一個普遍的問題，就是缺少客戶支援。這有兩種狀況，分別是缺少疑難排解的協助和缺少專案指引。有些行銷科技平台的使用者實在太多，沒有支付額外費用很難聯絡到支援專員。在這種情形下，最好熟悉供應商擁有的線上協助資源和社群。如果沒有任何這類有幫助的資源，或許就要更換供應商了。缺少指引也是一個難題，因為許多行銷人員會在平台上定期發起新的專案和使用案例，資料整合也是常常需要進行的作業，如果沒有清楚的指引和文件說明，可能會十分棘手。處理這些問題最好的方式，就是直接坦率地從合約下手，或是親自了解怎麼做最能獲得支援。然而，如果你的立場很為難，也可以尋求顧問或代理商指引。

◆ 缺乏預算時的低成本選擇

有些還在發展初期的公司可能需要行銷科技的功能，卻缺乏預算購買，以下提出幾個想法解圍。

Mailchimp：這是一家低成本的電子郵件行銷供應商，使用方便、入門容易。近期，Mailchimp推出登錄頁面、社群媒體與行銷自動化的功能，涵蓋行銷團隊與客戶互動需要做到的許多事項。Mailchimp是很可靠的平台，可以作為主要的行銷科技互動工具，也能和其他工具連結。

Hubspot：在我寫下這段文字時，如果以藉由容易負擔的成本，推行全面性行銷科技組合為前提，Hubspot的行銷服務組合大概是最完善也最省錢的方式之一。Hubspot的服務有些是免費的，也提供客戶關係管理、電子郵件行銷、行銷自動化、內容管理等許多工具。Hubspot最棒的優點就是本地整合和服務夥伴的名單不斷增加，可協助行銷人員擴充行銷用途。Hubspot的公司成長與應用程式網絡都在不斷增多，是建立低成本但高成效行銷科技組合的好選擇。

- 高成效行銷科技組合設計，要從高層次的商業目標和客戶體驗出發。
- 設計行銷科技組合時，請運用以下幾個大原則：客戶旅程、標竿學習、簡潔勝於繁複、資料整合。
- 建立行銷科技組合有幾種不同的方式，包括精實組織、企業生態和混合法。
- 挑選行銷科技平台時，要深思熟慮、長遠思考。

第六章 每個行銷團隊都應具備的核心系統

◇◆◇

核心行銷系統與平台是指，行銷人員如果缺少就會很難完成工作的科技。通常他們每天或每週都會使用這些平台，因為這些工具是行銷工作的基礎要素，這類平台包括客戶資料庫、行銷自動化工具和回報工具。無論公司的規模或所屬產業，這些工具支援的功能通常都由行銷人員負責。

核心行銷平台有三大支柱：資料、頻繁的客戶互動及回報。在資料方面，大多數的核心行銷平台都能儲存大部分，甚至是所有的客戶紀錄，沒有客戶和潛在客戶的資料，就不可能完成行銷，不管是傳送訊息給他們、透過廣告抓住他們的注意力，或是產出報告以便更認識他們。在頻繁客戶互動方面，行銷大部分的主要功能就是把訊息送到客戶面前，而訊息呈現的形式可能是社群媒體貼文、電子報或電子書。這些不同類型的互動都需要科技協助，大部分的核心行銷平台也都是為了實現這類客戶互動而建立。最後是回報的部分，誠如管理大師彼得．杜拉克（Peter Drucker）所說：「獲得計量的事物就能得到妥善管理。」行銷人員必須把行銷活動轉變成報告，從各個核心行銷系統擷取資料，藉此證實行銷的成效，同時改善日後的行銷決策。

◆核心行銷系統的重要性

將眾多功能結合在核心行銷平台是很有利的，可以帶來一致的資源、資料與員工訓練。舉例來說，行銷自動化平台集登陸頁面、電子郵件行銷活動和潛在客戶管理於一身，不用透過多個端點解決方案來完成同一件事。通常會有一個核心平台擔任「行銷記錄系統」的角色，典型的行銷記錄系統很健全，就像行銷的控制台，可以看見行銷數據和客戶資料，而且經常是行銷回報的資料來源。擁有一個中央系統可以讓行銷團隊輕鬆分工合作，並建立專業領域持續最佳化行銷作業。你也可以很輕鬆地在同一個地方回顧過去所有的行銷活動，根據日後活動的目的調整內容或改善品質。若是沒有核心行銷平台，行銷團隊會嚴重受限，不僅使用許多不同的工具完成相似任務耗費時間，訓練和監督使用者使用許多不同的工具也很困難。

◆記錄系統和事實來源的差別

行銷記錄系統是行銷團隊用來完成許多任務的健全科技平台，而行銷團隊（及其他的進入市場部門）的「事實來源」，則是用來尋求歷史準確性的資料庫。比方說，假如銷售和行銷團隊想要確定某個潛在客戶的源頭，得知是哪個行銷活動影響某個機會，或哪位銷售人員完成交易，就會到被指派為事實來源的那個平台。由作為事實來源的大型資料庫驅動平台，通常會出現在回報規定裡。企業領導者希望有自信地知道資料源於何處，因此把一個大家都會尋求事實的資料庫指定為事實來源很重要。這在進行歸因回報時也很重要；歸因回報是把銷售功勞歸功給不同的貢獻領域。此外，事實來源資料庫也對客戶成功部門的作業很有幫助，因為客戶經理可以回顧某個客戶的聯絡史，以及過去曾發生的各種問題。行銷記錄系統和事實來源通常是兩個不同的系統，但也有可能是同一個平台。

◆核心行銷系統在什麼情況下會出現差異？

無論產業類型或公司規模，核心行銷系統通常都一樣，差別只在每個平台的公司或供應商。例如小型公司可能會使用簡易省錢的核心行銷系統，而企業級公司則會使用健全高價的平台。特定的產業或類別可能根據需求而存在一些差異，有些核心平台也可能結合在一起或區分成不同的功能。常看到的一項關鍵差異，來自公司必須分析和操作的資料量。客戶數量龐大的公司會慢慢增加資料需求，因此較可能購買客戶資料平台或資料倉儲，這些公司通常較大型，能僱用技術專業人員管理這些平台。沒有那麼多客戶的公司則使用其他平台管理資料就夠了，如客戶關係管理、行銷自動化平台或專屬資料庫。

也有一些例子是，行銷科技供應商提供的健全核心平台，能支援通常由多個核心平台支援的多種功能，這會讓科技組合的核心看起來非常不同。最後，核心平台要更換供應商需要付出很大的心力，執行核心平台常常要花好幾個月，而且一旦完成，這些平台會存放非常重要敏感的商業資料。平台遷移是一項大工程，所以是購買核心平台時必須非常深思熟慮的另一個原因。

◆B2B和B2C的核心系統差異

由於B2B行銷和B2C行銷之間的差異顯著，兩者的核心行銷平台看起來會有點不同（圖6.1）。B2B的核心平台可能是：

- 內容管理系統。

- 客戶關係管理。
- 行銷自動化平台。
- 客戶資料平台。
- 分析平台。
- 專案管理平台。

B2C的核心平台則可能是：

- 內容管理系統＋電子商務行銷。
- 客戶關係管理。
- 電子郵件服務供應商。
- 資料管理平台。
- 分析平台。
- 專案管理平台。

圖6.1　核心行銷平台

你可以注意到，第一個差異是，B2C的內容管理系統還包括電子商務的功能，因為和B2B相較，B2C的購買行為更常發生在網路上，透過網站進行。此外，也可以看出行銷自動化平台被電子郵件服務供應商取代，因為潛在客戶管理等行銷自動化平台提供的核心功能，對B2C而言不那麼必要，因此聚焦在電子郵件客製化和大量動用的平台是更好選擇。最後，資料管理平台取代客戶資料平台，可在同一個地方匯集大量的受眾和廣告資料，因為B2C通常會對較多消費者進行更大型的廣告活動。

一份在LinkedIn上進行的調查顯示，在九百一十八位行銷人員中，有四〇%的投票者表示，客戶關係管理系統位於他們行銷科技組合的中心；而三八%的投票者則說，行銷自動化平台才是位於核心的工具（圖6.2）。

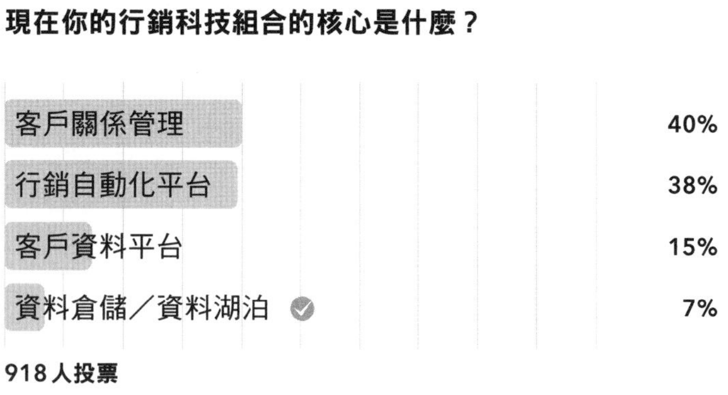

圖6.2　LinkedIn票選結果

◆常見的核心行銷平台

內容管理系統

說到行銷科技，不可能不提到內容管理系統。內容管理系統的定義是：「協助使用者創造、管理和修改網站內容，並且不必具備專業技術知識的軟體。簡單來說，內容管理系統是幫助你建置網站，但不需要你從頭撰寫程式碼的工具。」[15]隨著公司逐漸成長，行銷活動和資產數量不斷增加，內容管理系統可能變得非常龐大。

內容管理系統是一種核心行銷系統，因為行銷團隊會藉此作為與潛在客戶和客戶互動的主要機制。網站是一家公司的數位店面，其外觀、內容、功能及提供的產品，定義今天做生意的方式。行銷團隊花費很多時間和資源設計網站、上傳內容、建立產品行銷、為客戶創造各式各樣的內容體驗，以建立他們與品牌之間的關係。

評估內容管理系統供應商時，要考慮功能、可用性、擴張潛力和人才等面向。以功能的角度來看，要詢問自己：你需要網站擁有哪些功能？這會是內容導向的網站，還是網路商店？你會張貼數百篇部落格文章，還是只有幾頁介紹產品內容的頁面？挑選工具時，要記得這幾點。另一個功能則是客製化和你想做到的事，有的內容管理系統供應商只能讓你客製化他們的標準範本，如果你想進行獨一無二的客製化，可能需要找提供較多客製化選項的內容管理系統。

再者，要想想可用性，這和團隊的技能水準息息相關。如果你的團隊不是很擅長數位領域，也不會尋求外部協助，就需要完全低程式碼或無程式碼的內容管理系統，讓沒有HTML或CSS經驗的人也可以發布行銷內容；如果你能取得高階數位專長者的幫助，即可考慮技術方面較複雜的內容管理系統平台。

擴張潛力也很重要，是指你希望日後增加的額外功能和規模。今天的網站可以為每個訪客進行個人化，提供真正的互動體驗，假如這是你想要的，應該考慮提供許多外掛程式、擴充功能和附加元件的內容管理系統平台，支援這樣的體驗。

最後，就個人觀點而言，也可以看看你希望自己和團隊的技能未來有什麼進步。從職涯的角度來看，學習使用最受歡迎的內容管理系統平台很有利，日後可以列在履歷上，這樣你的職涯將有所成長，也會很容易找到工作。

客戶關係管理

客戶關係管理系統能協助公司改善與買家和潛在買家之間的互動與連結，通常也會被進入市場的部門（銷售、行銷、客戶成功）用來追蹤並最佳化收益產出。客戶關係管理的定義是：「一家公司或其他類型的組織用來管理與客戶之互動的程序，通常會使用資料分析來研究大量資訊。客戶關係管理系統會從各式各樣的溝通管道彙整資料，讓公司更了解目標受眾，並且如何最好地滿足他們的需求。」[16]

客戶關係管理是一個流程，而客戶關係管理系統則是管理這個流程的平台。在行銷領域裡，這種平台通常直接稱為客戶關係管理。客戶關係管理特別好用的一項功能就是「交易管理」，銷售是很複雜的過程（尤其是B2B模式），涉及許多購買成員和活動成分，管理一筆交易的發現、評估、考量和最後的購買過程很重要，使用客戶關係管理管理與追蹤交易中發生的互動，就能透過數位的方式完成。

整個進入市場部門每天都會利用客戶關係管理，管理客戶、交易流量、未來交易和流程。銷售團隊會匯入通話與會議紀錄等互動資料，行銷團隊則會獲取行為資料，像是潛在客戶和客戶參與哪些行銷活動。有鑑於此，客戶關係管理通常會是科技組合所有的工具裡，擁有最多客戶資料的工具，頂多僅次於客戶資料平台和資料倉儲。客戶資料可支持收益產出和商業回報。收益產出是進入市場的團隊，為了帶動銷售進行的所有任務，無論對象是新客戶或現有客戶；商業回報指的是匯集和整理資料，好讓領導階層可以理解客戶在做什麼、是什麼帶動收益，進而改善日後的商業決策。許多行銷活動都是從客戶關係管理的資料開始。

挑選客戶關係管理服務時，有很多需要考量的因素。

地端或雲端：客戶關係管理平台可以存放在本地伺服器或雲端。本地客戶關係管理是指放置在客戶所在地的軟體服務，但時至今日，雲端運算技術如此先進，因此沒有什麼理由要選擇地端客戶關係管理。雲端客戶關係管理的好處，包含自動備份、全球存取與即時可擴充性。有些人可能會說，地端客戶關係管理較安全，但是雲端客戶關係管理的好處大幅勝過可能出現的風險。

預算：今天大多數的客戶關係管理供應商，會根據使用者或用量進行收費，因此預算不像以前那樣會成為問題。然而，微型企業或必須自立自強的新創公司必須非常密切地掌控花費，所以可能會想選擇免費或成本極低的選項。

可用性和採用：客戶關係管理要有人採用，才能帶來好處。在評估客戶關係管理供應商時，要設身處地替銷售人員、客戶經理、行銷人員等不同的職務著想，他們可以有效率又有效能地完成工作嗎？這個客戶關係管理容易理解和互動嗎？除了日常匯入和管理客戶資訊外，客戶關係管理的另一個重要功能就是回報。潛在客戶、帳戶、流程及收益資訊，有很多都是使用客戶關係管理的報告和儀表板，進行管理並回報給財務團隊。評估客戶關係管理的不同選項時，要確定報告和儀表板以你可使用的格式呈現所需資料。你可以使用這個方法：在表格中標示不同的團隊，橫列寫出功能，直行列出「必要」、「想要」和「不必要」這三個項目，這樣很容易就能看出，哪些客戶關係管理功能是必要、還不錯或不重要的。

客製化：客戶關係管理雖然可以實現追蹤客戶關係及回報等基本功能，但有許多公司也會需要透過客製化滿足自己獨特的需求。客製化指的通常是工作流程、自訂物件，以及和其他科技之間的整合。客戶關係管理的工作流程是自動化的，會根據事件和特定標準做出動作。例如，一筆潛在客戶資料輸入客戶關係管理後，工作流程會指派潛在客戶給某位銷售代表，並發送電子郵件通知對方。你要研究每個客戶關係管理供應商的工作流程功能，確保自己的需求可以實現。自訂物件對許多公司來說也很重要，可以讓公司擴增存放客戶紀錄的資料庫。資料庫裡的一個物件就像一張表格或試算表，例如你可能會有一個潛在客戶資料的物件，該物件的每一列都代表一個人，每一行則是關於這個人的資訊，像是姓名、電話號碼和電子郵件。客戶關係管理的預設物件通常是潛在客戶、聯絡資訊、帳戶和機會或交易，但是假設有一家公司想要追蹤某位聯絡人購買的特定產品，而這不適用於現有物件，就需要使用自訂物件追蹤對方購買的東西，很容易就能與現有物件互相參照。看看你現在的資料，想想自訂物件在當下或未來是否很重要。

可擴充性和未來潛力：不只要想團隊現在的需求，也要想想接下來幾年的需求。針對客戶關係管理未來的使用，要考慮兩個重點，分別是整合能力和應用程式市集。前幾章曾說過，資料能在科技組合裡順暢流動，對行銷科技的成敗至關重要。客戶關係管理應該要用開放的應用程式介面建置，才能和其他平台輕鬆連結。你至少要看看，今天預計使用的行銷科技能否與這個客戶關係管理整合。如同前幾章所述，應用程式市集是指和供應商之間內建整合的所有合作軟體，例如Salesforce便有一個AppExchange，裡面收錄數千種與Salesforce整合的軟體工具，可用於各種使用案例。你的客戶關係管理不一定要有數千個連結夥伴，但應該挑選有和其他應用程式整合的。

特定產業：如果你的公司和某一特定產業的其他許多公司都很相似，挑選一個為了該產業特別設計的客戶關係管理可能會很值得，就不用花時間確定客戶關係管理是否有你需要的客製化功能。例如MindBody這家公司便特別針對身心健康產業的公司（包括健身房、按摩水療、美甲沙龍等），提供一款客戶關係管理平台（還有其他工具），該平台很適合會員數量多、交易具有快速和循環特性的公司；Clinico則專門為醫療院所提供客戶關係管理平台，讓這些單位可以追蹤敏感的病患資訊，同時向病患發送看診提醒和其他通知。如果特定產業的平台很適合你，就能在客戶關係管理的客製化上節省很多時間和心力。

行銷自動化平台

行銷自動化平台有時會被當成行銷記錄系統，因為它有一套健全的功能，並且與客戶關係管理和其他核心業務系統彼此連接。為公司選擇適合的行銷自動化平台，對長期獲得行銷成果非常重要。

行銷自動化平台可以透過程式，替公司執行許多與宣傳和收益產出有關的活動。行銷自動化平台最受歡迎的功能，包括電子郵件行銷、潛在客戶培養、潛在客戶管理、登陸頁面、潛在客戶評分、個人化和回報。

行銷自動化平台是一種核心行銷系統，因為可以協助管理客戶的主要數位接觸點。客戶會透過網站、電子郵件、付費媒體和社群媒體與公司互動，這些管道有很多都能經由行銷自動化完成。舉例來說，假設你建立一份產業報告，並在不同的數位通路加以宣傳，這個活動的轉換點會發生在登陸頁面和確認函，而這些都存放在行銷自動化平台，並從那裡自動發送。無論潛在客戶來自哪個管道，終點都是行銷自動化平台。因此行銷人員為了發起一個活動，會花費很多時間在行銷自動化平台或與行銷自動化平台連接的平台上。行銷自動化平台屬於核心行銷系統的另一個原因，則是它的潛在客戶資料管理能力。潛在客戶資料是行銷為公司帶來收益的重要起點，產出潛在客戶資料，並轉給銷售團隊，是行銷很重要的工作之一。此外，行銷自動化平台也因為和客戶關係管理整合，所以是核心業務系統。很多行銷自動化平台都可以和客戶關係管理雙向同步，也就是兩個系統的資料會一樣，這讓行銷部門的活動受到銷售數據高度驅動，而銷售部門的活動也會受到行銷數據的影響和支援。最後，由於行銷自動化可支援許多數位客戶接觸點，行銷自動化平台便提供很多完成行銷回報需要的資料。

挑選行銷自動化平台供應商很不容易，因為選擇太多了。首先，大致了解一下預算，看看整體行銷預算可以提撥多少給行銷自動化平台。企業級行銷自動化平台很容易就需要每年支付數十萬美元，如果你的團隊不可能花這麼多錢，可以直接刪除這些選項。預算雖然不是挑選行銷自動化平台的主要因素，但還是得對自己的經濟能力實際一點。

接著，你要看看平台的功能和可用性。大部分的行銷自動化平台都有電子郵件行銷與潛在客戶管理等核心功能，因此在比較功能時，大多是比較可以在使用行銷自動化平台時，為你帶來額外價值的附加功能。你也要注意可用性和團隊有哪些人才，有的行銷自動化平台非常複雜，所以在決定推動這些平台前，團隊裡最好有擅長數位行銷的人才。如果團隊裡沒有合適的數位人才，最好選擇較簡單直觀的平台；如果你覺得可以在不久的將來僱用內部或外部人才，購買較健全（雖然較難學習）的平台、漸漸熟悉，可能會十分值得。

再者，要看看平台與現有和日後可能會有的行銷應用程式之間的連接性。第一點相當顯而易見，如果你的行銷自動化平台無法和科技組合中現有的工具整合，就會很難重複或擴充行銷作業。假設你的網路研討會平台和行銷自動化平台不可能整合，就永遠會有不一致的資料，也永遠都需要從一個平台匯出資料，再匯入另一個平台。手動更新可能會導致資料不一致，資料若是出現錯誤，也會帶來不好的客戶體驗。

最後，你要想想未來的平台整合。建立三到五年的行銷科技路線圖（後續會提到更多），然後看看考慮購買的行銷自動化平台能否天衣無縫地整合。缺乏整合能力將嚴重侷限未來的功能，也會影響你打造想要的健全科技組合。

客戶資料平台

客戶資料平台通常稱為CDP，可以定義為：「從各種來源蒐集客戶資料後，把資料正規化，並為每個客戶打造獨特統一檔案的行銷人員管理系統。這會創造出一致、統一的客戶資料庫，可以和其他行銷系統分享資料。」客戶資料平台會和科技組合的其他平台連結，然後把資料匯集到同一個地方。資料正規化與標準化是客戶資料平台很重要的功能，因為資料在不同系統可能會以不同格式呈現。一旦建立對客戶的單一視角，行銷人員可以更了解驅動客戶做出某些行為的原因，並針對這些洞察做出行動。

「資料」大概就給你客戶資料平台是核心行銷系統這個問題的答案很大提示的原因。獲得對客戶的一致視角有很多好處，首先是洞察，假如行銷人員可以看出客戶怎麼覺察到公司的品牌，又是怎麼轉換等客戶數位行為的許多層面，就能幫助行銷人員了解客戶，對於該怎麼行銷做出更好的決策。

第二，把不同系統的資料全部集中到同一個地方，有助於啟動那些資料，用來和客戶互動。要活化資料，以便在客戶的所在與他們互動，很重要的一部分是找出行銷活動的目標受眾。客戶資料平台讓你可以結合人口統計資料、企業統計變項、行為和產品使用等不同的客戶屬性，放在同一個地方，這樣即可輕易為行銷活動建立受眾。

除了客戶資料平台外，也可以考慮使用資料倉儲或行銷資料湖泊（Marketing Data Lake）。資料倉儲和行銷資料湖泊，是把一段時間內來自許多系統的資料匯集到同一個地方的資料儲存系統。雖然你可以從資料倉儲或行銷資料湖泊獲得很多與客戶資料平台一樣的好處，但是這些系統通常需要工程或開發方面的人才。客戶資料平台的好處是，行銷團隊可以即時與資料互動和活化資料，不必等待技術人才做這些事。

以下是挑選客戶資料平台時，需要思考的幾個重點。首先，要考慮客戶資料平台和科技組合裡所有相關平台進行整合的能力，你可能使用分析平台、客戶關係管理、行銷自動化平台等系統，所以要確保這些系統的資料可以順暢流入客戶資料平台。再者，要想想法律遵循和安全的問題。所有的客戶資料都會儲存在客戶資料平台裡，因此要確保供應商在遵循相關規範（如《一般資料保護規則》）的安全情況下，儲存和保護資料。另外，也要考慮平台的使用難易度，是否與團隊技術人才的能力相符，你的團隊應該定期運用客戶資料平台，建立區隔、分析客戶資料及活化資料，以便與客戶互動。

分析平台

行銷分析的定義是：「使用數學在行銷策略中尋找固定模式，以便改進行銷成效的一門領域。」[17]簡單來說，分析會運用到統計學、預測模型化和機器學習，透過這些技術提供洞察與回答問題。分析平台是行銷團隊用來理解、分析和回報行銷作業的工具。例如所有的行銷活動資料、網站資料和行銷產生的收益數據都會流入分析平台，讓行銷人員可以進行彙整報告。這和客戶資料平台不同，因為行銷人員使用分析平台純粹是為了進行分析與回報，而不是要創造對客戶的一致視角或活化資料。

行銷分析基本上要問的就是這兩個問題：

一、我們的行銷成效如何？

二、我們要如何運用行銷的時間和預算，以便在未來獲得最多報酬？

行銷團隊必須能把行銷資料匯集在同一個地方進行深度分析，並定期將結果回報給領導階層和組織內的其他成員。如果少了分析平台，行銷人員就必須從多個系統匯出資料，接著透過試算表或其他手動方式統整資料，這不僅相當耗時，還可能錯誤百出。由於分析和回報是良好行銷的基礎，可靠的分析平台自然是核心行銷系統之一。

分析的四種類型

分析分為四種類型，了解每種類型及其使用時機是很重要的。第一種是描述性分析（Descriptive Analytics），要負責回答「發生什麼事？」涉及檢視過往資料，看看發生什麼事，以及銷售、流量和轉換等是否增加或減少。第二種是診斷性分析（Diagnostic Analytics），要回答「為什麼會發生這種事？」當你判斷出某個事件，診斷性分析就要負責找出可能的原因和理由。第三種是預測性分析（Predictive Analytics），要回答「未來可能會發生什麼事？」在檢視歷史資料和趨勢後，要聰明預測未來會出現的結果。第四種是指示性分析（Prescriptive Analytics），則是要回答「應該做些什麼？」別忘了，行銷分析的最終目的是，釐清該投資什麼才能獲得最大的行銷報酬率，透過檢視前三種分析類型，你就可以更好地判斷要把行銷預算花在哪裡。

行銷歸因

行銷歸因是行銷領域當前非常熱門的主題，是指把收益的功勞歸屬給行銷活動或行銷作業的過程，目的是評估行銷成效。這不能和行銷投資報酬率混淆，因為行銷投資報酬率是一種計算公式，以百分比呈現，目的是讓你知道自己是否做出正確的行銷投資。行銷歸因則會告訴你，哪一個行銷活動的成效最佳，這樣就可以做出讓行銷最佳化決策。關鍵在於，認識不同類型的行銷歸因、各自的使用時機及侷限。

第一種類型是單點互動歸因（Single-Touch Attribution），包含最初互動和最終互動。最初互動歸因（First-Touch Attribution）會把所有行銷功勞，歸給最初與潛在客戶互動的活動——通常也是行銷科技生態系獲知潛在客戶的途徑；最終互動歸因（Last-Touch Attribution）則會把所有功勞歸給潛在客戶轉換成機會／交易之前，最後一次與潛在客戶互動的活動——通常屬於潛在客戶生命週期的最後階段。單點互動歸因雖然會提供寶貴的見解，讓你知道哪一個活動做了什麼，但反對單點互動的常見理由是，這種歸因方式無法讓人看見全貌。

第二種類型是多點互動歸因（Multi-Touch Attribution），會把功勞歸給在客戶旅程中與他們互動的多個活動，又可分為線性和加權多點互動歸因等不同類型。線性多點互動歸因（Linear Multi-Touch Attribution）會將功勞，平均分配給客戶轉換成機會／交易之前互動到他們的每個活動；加權多點互動歸因（Weighted Multi-Touch Attribution）會根據互動點發生的地方，給予不同比例的功勞，例如你可能會給最初互動和最終互動多一點比例，發生在旅程中間的互動則少一點。應該記住的重點是，歸因是為了提供資訊，讓你做出更好的決策，而不是要表示什麼是對是錯。最後，也要記得今天的行銷歸因無法計入行銷系統難以追蹤的互動點，像是口耳相傳、社群媒體提及和轉介推薦等，所以即使你的歸因模型很健全，還是無法看到全貌。

和挑選其他核心行銷科技平台一樣，你要確認整合性和可用性這兩方面。你的分析平台必須能與行銷自動化和廣告平台等不同的互動科技，以及客戶關係管理和客戶資料平台等存有客戶資料的平台進行連結。關於可用性，你要考量儀表板、細分分析（Granular Analysis）及共用性。

在儀表板這部分，儀表板和報告應該以清楚易理解的方式呈現，給予你需要的資訊。再來是細分分析，也就是分析平台要能切割資料，讓你了解行銷企劃的成效和企劃對商業成果做出的貢獻。例如你應該能比較哪些行銷活動擅長帶來新客戶、哪些擅長擴張現有客戶、行銷預算可以讓你得到多少投資報酬率。接著是共用性，也就是需要檢視報告和資料的各個利害關係人能存取這些資料。有些平台可能不會讓你擁有許多使用者，但匯出資料或進行螢幕擷取分享給團隊成員又很費力。你應該問問「只能檢視」的使用者存取功能，了解可否免費或只花一點錢就增加使用者——他們不見得要能運用分析平台的所有功能，但可以檢視報告，並進行小部分客製化，如設定日期範圍。

資源有限的選項

為團隊挑選適合的分析平台時，主要限制是預算和技術人才的問題。遺憾的是，有的分析平台價格不斐，有的平台雖然容易使用，但大部分都需要一定程度的數位技術。假如你因為這些原因無法選擇某個分析平台，首先要檢視你的客戶關係管理。許多頂尖客戶關係管理的回報和儀表板功能，可以有效結合銷售與行銷資料，提供基本的分析功能。最後一個選擇（這絕對沒有什麼好丟臉的），則是從各個不同的平台下載資料，然後使用Google試算表或Microsoft Excel等試算表整理。試算表雖然不是很好擴充，卻可以依照你想要的方式操控數據，完全不需要技術或人才。許多專家都建議行銷人員先學會使用Excel製作報表，練好基本功，再使用進階的平台。

專案和工作流程管理

專案管理或工作流程管理工具，可協助團隊規劃、管理、回報和最佳化大大小小的專案。通常專案管理工具會提供多個位置，讓專案團隊每個成員可以登入、檢視平台的目標和時間表、完成任務，並指派任務給其他成員。有些專案管理工具提供客製化工作流程，可以將專案管理師通常必須自己做的某些人工事項自動化。

有些人可能會很訝異，專案和工作流程管理竟然會被視為核心行銷科技；然而，如果沒有專案管理，行銷就無法完成。無論發表部落格文章或進行平台遷移，都算是專案，而擁有多個協作者和利害關係人的專案會越來越難管理。在有效率的行銷團隊裡，專案管理軟體儲存行銷人員要進行的絕大多數工作，他們絕大部分的時間都花在那裡。

除了組織的預算和需要的功能外，專案管理平台的選擇與利害關係人的喜好有很大的關係。根據你負擔得起的費用和需要的功能，列出候選名單後，應該測試名單中的每個工具。理想上，你會從許多利害關係人得到回饋。在進行試驗或免費試用的期間，要試著用平台完成一個小型專案，讓越多未來的使用者參與越好。接著，你要回答這些問題：我們是否成功計劃和達成關鍵里程碑？我們有成功分工合作嗎？使用平台進行溝通的品質如何？專案完成後的報告是否讓我們滿意？試驗完成後，你要選擇最能滿足團隊特定需求的平台。

◆業界頂尖解決方案的價值

選擇供應商時，值得點出一個關鍵因素，就是業界頂尖解決方案的價值。所謂的業界頂尖解決方案是指，比大部分競爭者存在更久、通常比競爭者更大、分析師和評論網站一致給予高分的平台與供應商。業界領導者雖然不一定適合每家公司，而且肯定較貴，但是選擇這些供應商會帶來一些關鍵利益。

經過證實的長期潛力：行銷科技版圖變遷快速，好像每天都會有新的供應商出現，或原本的供應商結束營運，因為這個產業如此變化無常，已經證明能長期為許多公司提供可靠商業服務的供應商是很值得考慮的。這些大型供應商通常曾與許多產業和各種類型的公司合作，使用案例眾多，這些經過證實的案例可以讓人很有把握，尤其是如果你的行銷作業取決於這項服務能否正常運作。

資源更多：業界領導者通常比規模較小的競爭者擁有更多資源，包括更多的支援人力、技術資源、訓練和技術文件，以及整合資源。如果你的團隊從未執行某一類型的軟體，這些資源將會是成敗的關鍵。

同業網絡與社群：在行銷科技領域，永遠別小看社群的價值。頂尖供應商（特別是已經存在一陣子的）有很多的使用者，可以成為極有幫助的資源。有些供應商擁有活躍的線上和線下社群，可協助你解決問題，甚至作為日後的人才庫。

服務組合：有些業界領導者會提供許多不同的行銷科技服務，像是Salesforce、Adobe、微軟和甲骨文等大型科技公司。這些服務雖然不一定會包含在同一個平台，但是很多都能讓你集中在同一張訂單，和同一個客戶成功團隊配合。如果你打算快速收編許多工具，這樣的配適會很寶貴，可減少採購所需耗費的心力。此外，同一家供應商的所有工具通常都能完美整合，不用擔心連結平台的問題。但要注意的是，供應商擁有一個業界頂尖的平台，並不代表該供應商的所有平台都是如此，你還是要分析對方提供每個工具的功能和好處。

- 核心行銷系統是每家公司都應該放在科技組合中心的行銷科技。
- 核心行銷系統通常包括客戶關係管理、行銷自動化平台、客戶資料平台、分析，以及專案管理工具。
- 為你的核心行銷系統挑選業界頂尖解決方案具有額外價值。

第七章 可增加價值的行銷平台與工具

◇◆◇

核心行銷科技平台就定位後，便要準備增加補充工具到科技組合，但購買工具可不能太隨興，而是要有策略地添購。本章會告訴你，增加更多行銷科技工具到科技組合時需要注意的事。

一份在LinkedIn上進行的調查顯示，在六百七十九位行銷人員中，有五一％的投票者表示，在購買核心工具後，會添購回報與分析平台，而有二六％的行銷人員表明，會增加資料豐富化平台（圖7．1）。

對今天的行銷人員來說，這清楚顯示哪些額外工具是重要的，現在就來看看增加行銷科技的原則（圖7．2）。

◆增加行銷科技的大原則

目標

史蒂芬．柯維（Stephen Covey）在著作《與成功有約：高效能人士的七個習慣》（*The 7 Habits of Highly*

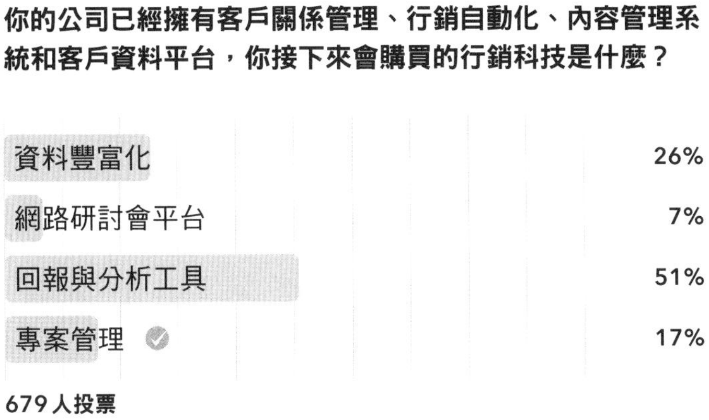

圖 7.1　LinkedIn 票選結果

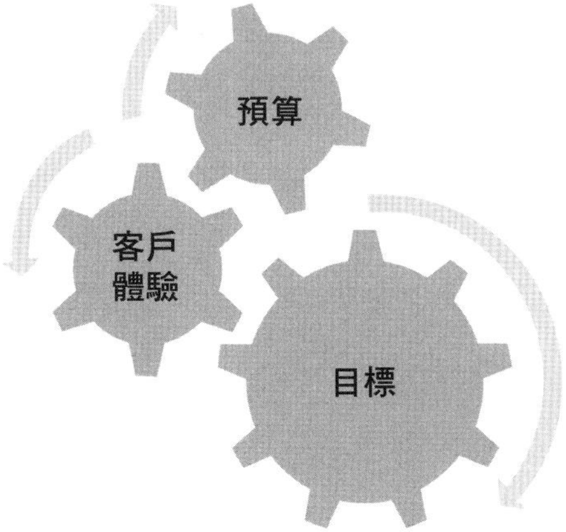

圖 7.2　行銷科技選擇

Effective People）裡曾表示，人生和工作的其中一個關鍵概念是「以終為始」[18]。科技組合裡的工具應該各有用意，每個都應該以某種方式協助你邁向行銷目標。我們可以用輸入和輸出的概念來理解，輸入是指行銷團隊創造或進行的活動，而輸出則是客戶做出的高價值行為。

舉一個簡單的例子，你在宣傳教育活動，邀請客戶和潛在客戶參加。你為了宣傳活動刊登發送的付費廣告、社群媒體貼文及電子郵件邀請函等任務就是輸入；而潛在客戶與客戶做出的行動則是輸出，如註冊和參加活動。你必須事先和團隊一起決定，哪些關鍵輸出表示你的方向是對的，可以實現目標（在這個例子裡，是指註冊和出席），然後思考需要使用哪些行銷工具提高輸出。雖然你也應該訂閱可以增加輸入品質的工具，但永遠要記住，輸出比輸入重要，因為輸出可以帶來商業成果，幫助團隊達成目標。

客戶體驗

行銷科技的主要目標是改善客戶體驗。以亞馬遜（Amazon）為例，這個概念被稱為「顧客至上」（Customer Obsession）。亞馬遜會如此成功，可以歸功於在思考所有決策時，總是抱持顧客第一的心理。透過產品、服務和互動給予客戶最好的體驗，可以讓一家公司走在競爭的最前方。對行銷部門而言，客戶和公司互動的所有接觸點都是客戶體驗，包括公司的廣告、網站、數位通路、銷售及客服等。回答以下兩個問題，可改善客戶體驗：「客戶在這個接觸點是否得到想要的東西？」「我們要怎麼用更令人愉悅的方式創造這個接觸點的體驗？」例如在設計一個網頁或登陸頁面，以推廣數位報告給受眾時，詢問以下這些問題：

- 來到登陸頁面的訪客能否快速得知這份報告是做什麼的，以及他們為何應該閱讀這份報告？
- 網頁和所有的圖像是否很快就載入？
- 訪客能否輕鬆存取報告，還是需要經過重重障礙（表單過長、步驟過多等）才能存取？
- 訪客是否覺得可以信任你的公司，尤其是在保護個人資料方面？

這些問題只是開端，你要持續發掘能讓客戶更滿意這個接觸點體驗的方式，並確保有適合的行銷平台可以提供協助。

預算

一份在LinkedIn上進行的調查顯示，在四百八十七位行銷人員中，有六〇％的投票者表示，廣告和宣傳工具占據絕大部分的行銷科技預算（圖7．3）。

在購買行銷科技時，預算與行銷團隊自身的狀況高度相關。大致而言，花在行銷科技上的費用應該占當年度整體行銷預算的一〇％到二〇％左右，但是如果你在科技相關產業或其他先進領域工作，這個比例會高出許多。舉例來說，假設你的行銷科技預算占年度行銷預算的二〇%，其中一〇%到一五%應該分配給核心行銷平台；也就是說，你大概會有年度行銷預算的五%到一〇%可用來購買額外的行銷工具。依公司的預算而定，這可能會把符合預算的供應商縮減成較短的候選工具名單。這不表示超出預算的工具絕對不能買，假如你找到能為公司帶來投資報酬率的行銷平台，就可以計算出投資報酬率，寫下你的理由，向領導階層和財務部門提出正當的購買動機。你可以把投資報酬率描述為會帶來收益、帶來流程、節省時間或提高生產力，以及使用新工具可產生的其他結果。

◆辨識額外需求

現在已經說完挑選可為行銷科技組合增值的工具有哪些大原則，接著便要談談戰術的部分，了解建立行銷

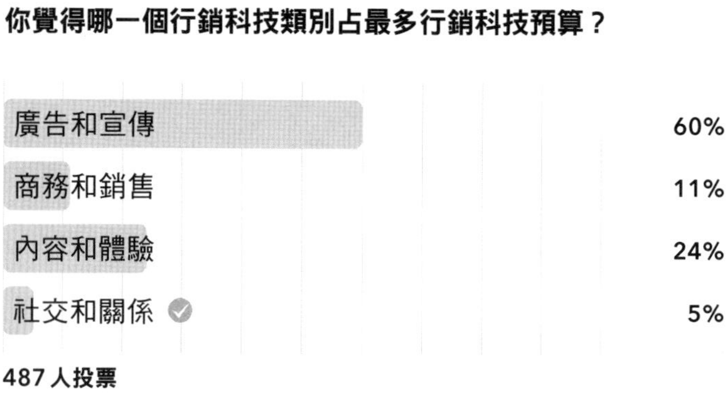

圖7.3　LinkedIn票選結果

科技組合的實際過程。挑選額外工具是獲取競爭優勢、真正實現行銷目標的好機會。

幾年前，我在為一家中型企業工作時，發現公司經常出現資料品質的問題。客戶關係管理系統的潛在客戶資料有遺漏或過時的資訊，導致銷售團隊老是抱怨沒有和潛在客戶良好互動需要的帳戶資訊。在線上做了功課，並和幾個同業聊過後，我發現資料豐富化平台可以幫助解決這些問題。評估幾家供應商後，我購買並執行一個新的資料豐富化平台，馬上就為銷售及其他資料相關流程帶來好處。

有時添購額外的行銷科技就和這個例子一樣簡單，有時要發現自己需要什麼則困難許多。試圖辨識行銷科技的額外需求時，可考量以下幾個重點。

進行簡易的間隙分析：間隙分析（Gap Analysis）是找出額外行銷科技的最好方法之一。在進行間隙分析時，你要盤點現有的所有科技，然後根據需要的功能，找出是否有任何漏洞或「間隙」。完整的間隙分析雖然很有用，但我發現進行簡易版的間隙分析更實際有效。第一步是要列出達成某個目標的過程。例如，假設你的目標是把潛在客戶轉換成一筆交易，整個過程便包括吸引潛在買家的注意；和潛在客戶互動，讓他們花時間瀏覽你的公司；與潛在客戶會談，推銷你的服務；最後讓潛在客戶下訂單。針對每個步驟，你要想想如何讓潛在客戶和客戶獲得最佳體驗，然後判定你有沒有適合的科技，創造那樣的體驗。

好比說，假使你想利用一支含有協助或教育內容的影片，吸引客戶注意，有沒有創造、編輯和發布影片的工具？在不同的平台上將影片社交化呢？在互動方面，有沒有透過彈出式廣告或聊天機器人傳遞機會，讓潛在客戶輸入個人資訊所需的工具？關於安排會談這件事，讓潛在客戶自行挑選和第一個有空的銷售人員聊聊的時間，會不會比較容易？像這樣進行間隙分析，你就可以讓策略和結果影響使用的科技，而非反其道而行。

進行利害關係人調查：自我規劃雖然很有幫助，但別忘了，你不是唯一一個試圖達到商業目標的人，也不是唯一一個和客戶互動的人。利害關係人配適是讓行銷科技成功的關鍵，也會使得連貫的行銷策略受到採用。想要快速從許多利害關係人得到回饋，最好的方法就是進行民調。若有需要，可以使用SurveyMonkey或Google表單（Google Forms）進行內部調查，較符合成本效益。內部行銷科技調查的內容在不同公司可能會很不一樣，但以下這些問題可以給你一個方向：

- 你是否具備有效執行自身職務所需的工具？如果沒有，你缺少什麼？
- 你的職務有哪些層面為自己帶來困難？有沒有任何和科技相關的困難？
- 你和客戶互動的經驗怎麼樣？遭遇的痛點為何？
- 你會使用哪些工具和流程來完成工作？有沒有哪些流程相當耗時或冗贅？
- 你的職務最令自己挫敗的科技流程是什麼？
- 如果你能使用科技改善客戶體驗會怎麼做？

這些問題都是很棒的起點。別忘了，你也可以直接把問題用電子郵件的形式寄給利害關係人，請他們回答，再根據類別和功能整理回答，判斷哪些問題可以透過額外的行銷科技改善。

◆和行銷科技代理商與領域專家聊聊

想了解哪些額外工具可以協助團隊達成行銷目標，還有一個方式，就是請教行銷科技代理商和其他領域專家。行銷科技代理商服務的客戶類型非常多元，通常包含各種規模和產業的公司，這些公司往往會遇到各種難關，處理難關能運用的預算也不一樣，因此代理商自然可以根據特定狀況給予睿智的建議。可是別忘了，行銷科技代理商會企圖把你變成客戶，因為那是他們主要的生意來源。雖然這不表示你不應該和代理商談，但別忘了你不該請對方無償幫助。

領域專家（Subject Matter Expert, SME）也是寶貴的資源，可能是個人顧問、作家、曾經的行銷科技領導者等。和領域專家一對一聊聊，可以得到很棒的見解。領域專家與行銷科技代理商一樣，曾在這個領域完成很多不同的專案，可以給予相當公正的建議，而且他們不像代理商，沒有好處就不會給你有所作為的情報。

你可以詢問行銷科技代理商和領域專家這些問題：

- 針對像我這種規模和產業的公司，哪些行銷科技曾帶來成效？
- 你的客戶都用什麼解決【某個困難】？
- 【某個工具】的缺點是什麼？
- 和【某家供應商】配合前需要考慮哪些關鍵？
- 可以和【某個工具】整合的好工具有哪些？
- 你都怎麼幫助客戶解決【某個困難】？

如何判斷行銷科技代理商的品質？

行銷科技代理商有很多家，我曾和許多良莠不齊的代理商配合，知道挑選對的代理商可能對一家公司帶來很大的影響。但要如何判斷代理商是好是壞？有三點建議。

充分理解：和行銷科技代理商配合時，你應該了解他們試圖解決什麼問題，以及打算如何幫你解決問題。行銷科技領域最大的問題之一，就是「黑盒子」這個概念。黑盒子是指任何一種不確定該怎麼運作、改善或複製的科技、解決方案或程序。有些代理商很喜歡把解決方案藏在黑盒子裡，這樣客戶就會依賴他們，由於客戶不明白代理商在做什麼或如何提供價值，就很難終止合約，在某些例子裡，甚至不先諮詢代理商就很難推動任何新的科技。不用說，好的代理商不會把解決方案藏在黑盒子裡。和一流的代理商配合時，你會更了解自己面臨的問題，也會知道他們如何運用專業和資源提供協助，好的代理商關係是建立在信任、權威與專業上。

經過驗證的成果：你應該和能清楚說出過去替客戶做了哪些事、一步步帶你了解他們如何創造價值的代理商合作。雖然絕非必要，但是如果配合的代理商曾協助規模和產業與你公司相仿的客戶會比較好。能夠要求拿到推薦函就更棒了，畢竟不好的代理商很難留住客戶，所以你會很難找到願意說他們好話的前客戶。

找到解決方案而非問題：你要確保合作的代理商能帶來站得住腳的解決方案，幫你執行，而不是不斷找出更多公司內部的問題。找出問題雖然是代理商的義務之一，但要小心有些不好的代理商會不斷想辦法收取更多費用。例如，你雖然委託代理商處理某個專案，對方卻開始碰觸其他領域，提出更多可以讓他們做的工作。這在某些情境下可能是恰當的（理想上不應該太頻繁），但也別忘了，代理商應該把注意力放在主要職責上。花時間企圖從客戶身上賺更多錢而不解決問題的代理商，是很危險的合作對象。

◆同業和評論網站

想獲得公正的意見與建議，最好的方式之一就是和同業聊聊或查詢評論網站。大多數時候，在不同公司擔任類似職務的同業會是客觀的第三方，可以和他們聊聊，以便充分了解可幫你達成目標的行銷科技。不像代理商或供應商，同業不會基於商業利益推薦解決方案給你。你可以在LinkedIn或其他平台和其他行銷人員建立連結，安排時間相約或在線上喝咖啡聊是非，詢問他們怎麼解決特定的商業問題，或是他們喜不喜歡某些行銷科技平台。作為交換，你也可以分享自己的經驗，推薦一些他們可能沒聽過的工具。

科技評論網站也是很寶貴的資源，這些網站會透過群眾外包的方式，得到不同行銷科技的評分和評論，可以讓你快速得知針對某個工具的不同想法。在這些網站上比較供應商後，別忘了「把愛傳出去」，評論你曾使用的工具，幫助未來的行銷人員做功課。

◆挑選對的供應商

一份在LinkedIn上進行的調查顯示，在四百七十四位行銷人員中，有四一%的投票者表示，他們是購買行銷科技的主要決策者，三五%的人則說，他們會對採購決定發揮重要的影響（圖7．4）。

在找出你需要什麼類型的行銷科技後，要如何為公司挑選最好的供應商？比較並選擇行銷科技供應商時，有很多大原則要牢記在心。

預算和候選名單

進行前面討論的計算和收益潛力分析後，你應該可以輕易找到好幾家符合需求和預算的供應商。雖然預算不該是決定供應商的主要因素，但我們也得實際一點，不要挑選永遠無法負擔的供應商。做完功課、和供應商索取報價後，你應該會確定最後的候選名單。

決策高低順序

比較行銷科技供應商，並最終選擇要使用哪一個工具，有一個很棒的方法，就是排出決策的高低順序。逐一進行以下這些步驟，就能帶領你選出適合的供應商。第一步是比較「必要」的東西，淘汰任何無法提供你認為必要功能的供應商。例如，假設你在比較不同的網路研討會供應商，認為和你的行銷自動化平台整合是不可或缺的功能。在四家供應商裡，有三家可和你的行銷自動化平台整合，而不能整合的第四

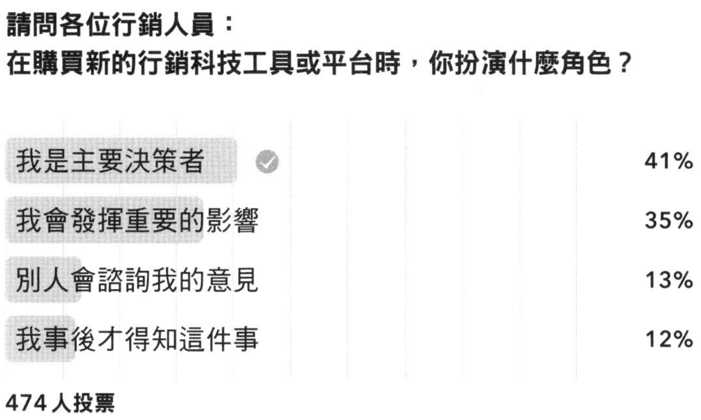
請問各位行銷人員：
在購買新的行銷科技工具或平台時，你扮演什麼角色？
我是主要決策者
41%
我會發揮重要的影響
35%
別人會諮詢我的意見
13%
我事後才得知這件事
12%
474 人投票

圖7.4　LinkedIn票選結果

家就是可以輕易淘汰的選項。在某些時候，這可以大幅縮減候選名單，讓決策變得很容易；但有些時候，所有供應商可能都能滿足你的必要需求。

接著，你要比較「不錯」的功能，也就是對你的需求來說不是必要，但有的話會帶來好處的功能。或許只有一、兩家供應商擁有比其他供應商還多的「不錯」功能，這就能幫助你淘汰名單上大部分的供應商。

最後，如果前兩個步驟都完成，還是剩下很多選項，就要根據可用性和喜好來做決定。你和其他重要使用者應該透過試用或試驗測試不同的供應商，並考量以下問題：哪一個工具較好學習？哪一個工具較好操作？哪一個工具比較適合整個團隊？這些問題的本質雖然很主觀，但是既然你已經完成較為技術性的比較，剩下的就只有選出最喜歡的那一個，最終也會帶來日後更高的採用率和使用率。

用來評估供應商的重要問題

和供應商的銷售團隊見面，以了解價格、功能及其他重要的服務資訊，是很常見的，尤其是昂貴的行銷科技平台。即使你沒有和銷售團隊碰面，選擇只透過網路做功課，也要在做出購買決定前，確定以下這些重要問題的答案。

這個工具可以支援目前的潛在客戶與資料架構嗎？

大部分的行銷科技都能以某種方式接觸或產生潛在客戶，因此新工具能配合你的整體潛在客戶生命週期是很重要的。如果新工具產生潛在客戶，也要確保它能使用正確資訊標籤和更新潛在客戶，例如潛在客戶來源與UTM參數，你才可以追蹤工作成效。此外，也要確定新工具是以可用的格式將資料傳送到其他系統，否則你會有一大堆人工作業要完成。

新工具在資料安全和法規遵循這方面的表現如何？

資料安全和法規遵循是經常受到忽略的重要層面。資料安全是指，該行銷科技工具儲存並保護你和客戶資料的方式。沒有採取措施好好保護資料的供應商可能會受到惡意威脅，你可能喪失資料或讓客戶資料遭到盜用。發生這種事會嚴重破壞客戶對你的信任，為公司帶來長遠的後果。另外，也要詢問供應商是否在遵循法規的情況下儲存和使用資料。例如，《一般資料保護規則》在很多資料蒐集的情境下，都要求取得明示同意（使用者明確勾選同意），要求移除客戶資料時，公司也得照辦。不遵守這些規定，供應商和使用供應商服務的人可能要支付大筆罰金。

我們要如何取得支援？服務中斷要怎麼辦？

雖然這好像是很基本的問題，但很多科技供應商並未對付費客戶預設提供支援。你必須確定遇到技術問題時，能否獲得任何支援，而且得到額外的支援是否需要付費。有些供應商只提供支援給企業客戶，也就是付費最多的大戶。根據你在考慮的工具類型，客戶支援可能不是那麼重要的因素。例如，假使你只是用平台挑選網站要使用的圖庫圖片，或是偶爾才會用到的熱力圖追蹤，只要服務最終有用，是否得到支援其實沒有很大的差別。但若是可以發揮重要行銷功能的高價工具，最好能有可用又聯繫得上的支援團隊。你也要想想服務中斷時會發生什麼事，詢問供應商，過去十二個月曾出現幾次服務中斷的狀況，每次中斷的時間又是多久，你必須確定正常運作時間是可接受的（雖然這個問題不那麼常見），尤其是政府或醫療等必需的服務業。

價格調漲的機制為何？

你應該了解一年合約到期後會發生什麼事。在合約生效期間，會保護你不受價格調漲的影響，但續約可能就不是這麼一回事。有些科技供應商會要求每年提高八%的費用，多年下來金額將相當可觀。雖然理論上，你每年都會從平台得到更多投資報酬率，但是高價位的服務以固定百分比調漲，真的會形成很大的支出。你要考量強制調漲價格的所有可能和影響，尤其是換約成本，有些平台要更換供應商非常困難，像是核心行銷系統。

◆觀看軟體展示時要注意什麼？

今天絕大多數的行銷科技都屬於軟體即服務，因此你一定需要參加軟體展示會，這通常是由銷售人員親自執行，地點可能是在你的辦公室或透過線上螢幕分享。要小心，銷售人員很會突顯平台的優點，弱點則輕描淡寫帶過。我們的工作是要找出任何有問題的地方，確保平台能滿足需求，以這幾個重點請牢記在心。

不要被漂亮的介面吸引：今天有很多平台都很尖端，使用者介面（User Interface, UI）看起來既現代又優美，平台外觀可能十分吸睛，但我們要找的是可以符合需求的平台，不要被華麗的按鍵和儀表板迷惑，而要想像團隊每天使用平台工作的情景。完成一件事需要點選幾個地方？你能拿到需要的資料嗎？所有使用者是否都具有完成工作需要的權限和能力？許多供應商會把很多時間花在視覺上吸引人的地方，無法展現平台最好一面花費的時間則十分有限，甚至完全沒有。記住，你買的不是平台外觀，而是它為團隊提供的價值。

考量你的使用案例：很多供應商會告訴你，別人用他們的平台做了哪些很酷的事，還有他們提供的各種附加功能，但要記住，你要找的是可以滿足特定需求的工具。你需要不斷反覆完成一件或多件事，如果這個行銷科技工具無法做到特定功能，或是需要付出很多心力才能做到，購買這個平台可能並不值得。記住，你的團隊會經常使用這個工具，不該讓微不足道的功能影響你的決策。

發現弱點和問題點：很可惜的是，大部分行銷人員在參加軟體展示會時，心裡想的是：「我可以怎麼使用這個平台？」然而，之後其實還有其他機會能做這件事。展示期間，你真正要尋找的應該是弱點和問題點，要一步步思考團隊會如何使用這個工具，期間可能發生問題的地方。公司內部是否真的有能從這個工具獲得投資報酬率的數據？想要有成效地使用這個應用程式，是否有相關的技術人才？你要怎麼知道使用這個工具是否產生成果？在軟體展示期間，這些都是你應該思考的重要問題。你要迫使銷售人員回答一些嚴苛的問題，才能從這次展示得到最大的價值。

◆如何進行試驗？

試驗計畫是評估行銷軟體最好的方式之一，成本低廉，你要實際執行工具，讓公司的利害關係人加以運用。這是用來評估軟體極為有益的方法，因為你可以跳脫理論，得到工具是否適合組織的真實回饋。如果你很幸運從軟體供應商得到試驗的機會，以下幾個重要步驟可讓你成功完成試驗。

步驟一：設定試驗目標

許多組織都會犯一個錯誤，就是沒有適當規劃和設定目標就開始進行試驗，這會造成無人採用的問題，試驗結束後還是不知道這個工具能為組織帶來什麼價值。你應該在各個層面為試驗計畫設定目標，第一個層面是明確的商業成果。你想達成什麼商業成果？這個科技應該帶動覺察、潛在客戶資料、互動、轉換、收益或以上皆是？

以下是一個很好的例子，在試驗計畫結束前，這個科技帶來的新潛在客戶比之前多二五％。你也該為試驗採用率設定目標，這樣才能確保使用者以預期的方式運用軟體，完成有效的試驗。採用目標可以這樣訂定：在為期六十天的試驗期，八〇％以上的使用者每週至少登入平台一次。別忘了，每個組織的目標都不太一樣，你要設定一個符合SMART原則的目標〔即明確（Specific）、可衡量（Measurable）、可行動（Actionable）、實際（Realistic）又有時限（Time-Bound）的目標〕。

步驟二：籠絡人心

進行試驗時，行銷科技負責人還會犯一個錯，就是沒有拉攏領導階層和利害關係人。大部分的行銷科技都會需要好幾個人或好幾個團隊，學習並定期使用工具。問題是你的同事都很忙碌，試用新應用程式對他們來說可能是最無關緊要的。為了解決這個問題，你要面對面向他們傳遞進行試驗的價值，先從高階領導者開始。例如，假使你要對銷售團隊進行試驗計畫，應該和業務副總或主管碰面，傳遞這項計畫希望達到的成果，像是「我們認為，測試這個軟體可以每個月為銷售團隊增加一五%成交的機會。」獲得領導階層注意後，你就較容易讓預期的使用者空出時間。繼續以上述的例子為例，你現在已經得到銷售領導階層認同，可以與各位經理及其團隊安排見面，說明試驗計畫的重要性和你試圖達成的目標。在進行試驗計畫前先籠絡人心，便會大幅提高成功的機率。

步驟三：舉辦訓練活動

行銷科技負責人推出試驗時，還會犯下另一個常見的錯誤，就是沒有訓練使用者使用試驗平台。如果沒有人知道如何使用這個軟體，你要怎麼知道它對組織是否有幫助？你要利用領導階層給予的支持，為所有預期的使用者安排訓練活動。好的軟體供應商會提供幫助，指派訓練員偕同拜訪，協助你進行訓練。若是再加上訓練文件和影片，你應該就能順利推動試驗計畫。

步驟四：關心狀況

不要發起一項計畫，然後不理會，應該每週或隔週關心一下狀況，了解使用者的使用情況，並找出他們面臨的困難。許多行銷科技平台都會顯示使用報告，提供使用者的相關資料，像是他們登入的次數。此外，還要搭配使用電子郵件關心狀況，才能確保你給這個軟體公平的試驗機會。別忘了，利害關係人都很忙，但是如果都沒有人使用工具，你也無法從試驗計畫得到多少資訊。

步驟五：召開試驗後彙報會議

在試驗結束後，你應該召開兩次試驗後的彙報會議。第一次會議是和供應商碰面，索取所有的使用資料、成果資料，以及他們能提供的其他資訊，協助你做出決定。第二次會議則是和重要利害關係人與領導階層碰面的內部彙報會議，目的是檢視試驗的成果。你要回答這些問題：我們是否達到試驗的目標？原因為何？採用率如何？軟體是否達到預期成效？我們如果購買這個平台，可以實現投資報酬率嗎？評估成果時，要盡量保持客觀（這很困難，因為你畢竟花費很多心力進行試驗）；也要請重要的利害關係人針對使用軟體的經驗，給予質化和量化的回饋，檢視多位利害關係人提供資料點後，你應該會有足夠的資訊，做出購買決定。

◆和新創供應商合作

在尋找可以滿足需求的行銷科技供應商時，你可能會遇到還在發展初期的公司。這些新創公司可能很小又沒組織，不一定能滿足你行銷組織擁有的特定需求。在不同的情況下，利用新創公司可能是好主意，也可能不太好。

和新創供應商合作的優點

和新創供應商合作有幾個優點，包括未來路線圖、敏捷、服務及成本等面向。

和新創供應商密切合作最棒的好處之一，就是能引導他們的未來發展。小型新創公司可能沒有很多客戶，創辦人會非常積極接聽客戶電話，想知道客戶的使用狀況。在這個情況下，你可能影響他們的未來路線圖，你的夢幻功能可能很快就會成真。

新創公司也非常敏捷，比企業級同行還快修正錯誤和改進功能；大企業可能每季，甚至每年才推出一次新功能。如果出現技術問題，這一點會很有幫助，新創公司有時會非常積極地讓客戶開心，因此最近才回報的錯誤可能很快就獲得解決。有的新創公司會願意提供額外服務，因為想證明自己比競爭對手優秀，這意味著他們可能會做超出合約範圍外的事情來幫助你，甚至會提供免費諮詢，讓你很順利使用他們的平台。

最後，和小型新創公司合作還有成本方面的好處，由於客戶數量對新創公司來說極為重要（他們想盡量多得到一些客戶與回饋），你通常會發現他們的價位比企業級軟體供應商還低。

和新創供應商合作的缺點

和新創公司合作的優點雖然很多，但你也應該注意缺點的部分。和新創公司合作的缺點，包括安全性和可靠度、前景及整合等面向。

新創公司最為人詬病的地方，就是動作很快，為了達到成果會「打破成規」，因此他們的程式碼和流程出現漏洞的情形並不少見。資料安全需要花費的金錢和資源比你想像得還多，所以如果想仰賴新創公司保護客戶的敏感資料，你要確定可以接受他們提供的資料安全程度。有的新創公司可能沒有足夠的技術資源和頻寬，達到你要求的正常運作時間。例如，你可能會遇到比起與企業級供應商合作時，更多的服務中斷狀況和延遲時間（要看新創公司如何代管服務）。

另一個要小心的，就是新創公司的前景。科技產業非常競爭，往往要拚個你死我活，每個月都有新供應商冒出、舊供應商倒閉。雖然短期內可能不必擔心新創供應商會關門大吉，但還是需要謹慎思考未來三到五年。在合作前，你應該詢問新創公司的資金和成長軌跡，確保可以接受他們的穩定度。

和新創公司合作的最後一個缺點則是，他們可能缺少整合和夥伴。大部分公司通常只與大型企業平台進行深度的本地整合，你想合作的新創供應商，它們可能連聽都沒聽過。雖然自己或找夥伴進行客製化整合不是不可能，但你還是不能忘了這一點，因為在系統之間移動資料對行銷科技的成敗來說至關重要。

◆額外的行銷科技推薦

核心行銷系統雖然大同小異，但是附加行銷科技卻可能大相逕庭。核心行銷系統就像一件衣物的概稱，如褲子。在這個廣大的分類（蓋住兩條腿的外衣）下，則有無限的變化，包含西裝褲、緊身牛仔褲及斑馬紋喇叭褲等。同樣地，額外的行銷科技也會因為組織的喜好和需求而有所不同，以下列出各種額外的行銷科技推薦。

網路研討會／線上活動供應商：隨著數位工具的成長和遠距工作的興起，這是很值得考慮加入行銷科技組合裡的行銷科技。許多專業人士都會參與線上活動，因此為他們創造絕佳的線上活動體驗是很重要的。另外，挑選一個可以和你科技組合裡的其他工具（特別是行銷自動化平台）順利整合的網路研討會平台，可節省很多時間與心力。舉例來說，GoToWebinar就和許多主要的行銷自動化平台整合，會自動同步參與者的資料，進行快速分析和自動追蹤。

內容體驗平台：何謂內容體驗平台？簡單來說，就是任何協助你創造的內容產生更多互動的工具。今天絕大部分的行銷都是數位行銷，因此你必須脫穎而出，創造客戶會記得的東西。例如，Uberflip便借用線上資源中心的概念，創造持續不斷的內容體驗，引導客戶閱讀和發現相關內容。

資料豐富化與資料庫健康：擁有很棒的資料，才能做出很棒的行銷。很多公司會犯的錯是，以為花錢投資可帶來潛在客戶資料的科技，卻從未想過如何確保資料是準確又可操作的。資料豐富化供應商可以讓你確保資料都是最新，並填入缺少的資料。例如，系統裡的潛在客戶資料可能少了公司名稱、產業類別、收益等重要資料，資料豐富化供應商只要依靠像電子郵件這樣的單一資料點，就能補齊那些欠缺的欄位。這樣一來，你在進行區隔和個人化時就能更精準。資料庫健康（database health）是另一個很棒的資料工具，可以把重複資料刪除或進行其他清理資料的功能，把普通資料庫變成表現優異的資料庫。

創意資產建立器：創意資產建立器可能是你沒預料到會被納入清單的行銷科技類別，這些工具可以讓你輕鬆使用模板產出電子郵件、登陸頁面、廣告活動等創意資產，不用從頭寫程式。今天的數位行銷主要就是發生在這類資產上，行銷團隊在一年可能要創造數百個資產。創意資產建立器讓行銷團隊不用等待技術資源，就能創造與客製化資產，這樣不僅速度快，必要時也能進行軸轉。諸如Unbounce這樣的工具，不但讓你可以快速創造登陸頁面，也能最佳化實驗以改善轉換率。

- 先設定你的行銷目標，再選擇可以協助達成目標的科技。
- 把焦點放在客戶體驗，使用行銷科技把每個客戶接觸點的體驗變得更好。
- 透過辨識商業問題、調查利害關係人想法，以及與代理商和同業交談等方式，找出行銷科技使用案例。
- 根據預算、重要需求、附加功能、可用性和喜好，挑選行銷科技供應商。
- 決定行銷科技供應商最好的方式之一，就是推動成功的試驗計畫。
- 很適合增加的額外行銷科技，包括網路研討會平台、內容體驗工具、資料豐富化平台和創意資產建立器。

第八章

購買只是開始，管理和維持才是關鍵

◇◆◇

在本章中，要談談管理健全又可擴充的行銷科技組合有哪些原則。很多行銷人員誤以為，買了行銷科技就能解決問題，或是行銷科技可以很神奇地進行自我管理，但事實完全不是如此，行銷科技雖然已經進步很多，卻仍需付出很多時間和心力才能有效執行，帶來商業利潤。行銷人員往往以為完成購買行銷自動化平台這個動作後，就能在接下來幾週看見成果。事實上，設定、配置、整合和實施行銷自動化平台，必須花費數週到數個月的時間，之後才會開始進行與客戶互動的行銷活動。此外，你也需要得到不少技術專業知識和跨部門資訊，才能好好設置行銷科技平台。

◆行銷科技管理的大原則

管理行銷科技組合之前，有幾個大原則要思考。

目標：切記，行銷科技組合的目的是要幫助行銷人員達成商業目標。在尚未明確想好如何改善客戶體驗、行銷效率或可操作的回報前，就增加行銷科技，是很糟的做法。設定和管理行銷科技組合時，請把這些問題牢記在心：

我要如何創造組合，才能……

- 支援客戶體驗、收益、效率和回報的商業目標？
- 讓行銷人員有權力和能力與客戶進行更好的互動？
- 讓資料順暢流動，在所有的行銷平台都找得到？
- 保護並尊重客戶資料和同意？

檢視行銷科技目標，並把這些問題放在心裡，你便為團隊成功運用行銷科技奠定基礎。

健全又可擴充的行銷科技管理：行銷人員常犯的錯誤，就是設置行銷科技組合時，只想到當下要實現的單一目的，沒有為日後的各種情境做準備。行銷活動和行銷資料不會一直保持不變，你必須不斷增加更多活動、更多廣告、更多登陸頁面、更多資產及更多資料，組合裡的工具配置才會支援動態的行銷環境和不斷成長的資料庫。設定和管理行銷科技組合時，請把這些問題牢記在心：

我要如何創造組合，才能……

- 支援接下來三到五年的行銷？

- 支援比目前規模大上數倍的行銷資料庫？
- 支援漸漸變多的龐大數位資產？
- 支援未來行銷團隊所有的使用者？

你要想想這些問題，以及你和團隊想到的其他問題，才能建立健全又可擴充的行銷科技組合。

◆當心技術負債

技術負債的定義是：「當開發團隊為了快速實現某種功能或企劃，導致之後需要進行重構所產生的結果。」[19]對行銷人員而言，是指在建立行銷解決方案與流程時，沒想到長遠結果產生的沉悶人工作業量。例如，遲遲不讓網路研討會／活動平台與行銷科技組合裡的其他工具進行整合，就是很好的例子。在沒有整合的情況下，每場活動的所有參與者資料，都必須從網路研討會平台手動下載、清理和進行格式整理，再匯入每個會使用到該資料的行銷科技工具，不僅耗時，還會讓出錯的機率大增。想像一下，一家公司如果每年舉辦數百場線上活動，不只會為行銷團隊帶來非常大量的額外工作，也讓團隊暴露在不必要的風險中。

技術負債帶來的問題雖然很清楚，但執行工具期間卻好像不那麼明顯。行銷人員通常想快點完成事情，所以使用科技時會走捷徑。技術負債的源頭通常是這樣：「我們這次就先這麼做吧！」可是因為貪快，流程往往沒有重新修改，就這樣一次又一次地重複。另一個常見的例子則和回報有關，假設你需要把客戶關係管理系統的機會和行銷自動化平台的活動加以配合，起初可能某個月份只有二十次機會，所以從客戶關係管理系統下載後，再和行銷自動化平台的活動進行交叉比對，不需要很多時間。可是對資料與回報的需求不會改變，而且數量只會增加。因此沒多久，你在每個月就需要下載數百次機會，還得和行銷自動化平台的活動配合，占據很多可以用來做其他事的寶貴時間。你在每個月必須完成的人工作業就是技術負債，而這只要創造一個解決方案，或可以自動對上資料的回報機制便能避開。

處理以下兩個問題，通常就能避免技術負債出現：

一、我們是否有辦法讓這個流程自動化？

二、假如需求增加好幾倍，這個流程是否可以支援我們的需求？

雖然有一些技術負債是合理的，但是如果一開始就把事情做好，你可以為自己和團隊去除很多不必要的煩惱。

◆應該由誰擁有行銷科技？

清楚指派組織內的行銷科技擁有者是很重要的，有幾個原因。第一，指派單一擁有者（或擁有行銷科技的單一團隊），可以確立行銷科技的責任歸屬，設定每個工具的目標，並迫使每個工具都有正當的商業理由。例如，假如某平台無人使用或無法產生最佳的商業成果，行銷科技擁有者可以決定從科技組合裡移除；相反地，如果科技組合缺少某個重要功能或增加某個新工具就能改善，行銷科技擁有者可以提出要購買額外的工具。第二，行銷科技擁有者可以全面檢視整個科技組合，確保不同的組成互相整合，適當地支援商業目標。要更換平台或考慮購買新平台時，行銷科技擁有者可以和現有的科技組合進行比較、列出增加平台的優缺點、確保沒有重複的工具，並確定新的工具與原本的工具可搭配得很好。此外，行銷科技擁有者也要考慮每個工具的行銷科技用途和投資報酬率。

下述這些人都可以是行銷科技組合的擁有者。

行銷營運團隊：負責行銷團隊的工具、流程和資料的行銷營運團隊，是擁有行銷科技組合的理想人選。這是因為行銷營運團隊通常最常使用科技工作；是科技方面的領域專家；對不同系統之間的資料流動有深入認識。平台營運（有時候稱為系統管理）通常是行銷營運團隊中擁有個別平台的部門，這個部門可以決定移除或新增哪些工具。

一般行銷人員：對較小型、沒有行銷營運部門的行銷團隊而言，行銷科技應指派給某個人擁有，賦予他管理與規劃行銷科技來支援整體行銷目標的權力。雖然這個人會有其他職責，但可以成為大家有需要增加新工具時會找的人。這個人應該擅長數位，而且目前就有每天使用工具的習慣。

資訊科技團隊：在很多大型公司裡，由資訊科技團隊擁有行銷科技團隊是十分常見的。會這樣安排，是因為資訊科技團隊也負責其他許多工作系統，如伺服器、作業系統、資料庫等，他們已經有軟體和科技方面的預算，也有管理和治理平台的技能。這雖然常見，卻不見得理想，因為資訊科技有時不會顧及行銷和商業目標，而是較注重穩定度、低成本和風險減輕等目標。這些雖然不一定是不好的目標，卻會讓想要快速找到和客戶互動創意新方法的行銷人員備受限制。如果行銷科技在你的組織裡是由資訊科技團隊擁有，一定要建立正式的工作關係，針對行銷目標和支援取得配適。這通常稱為「虛線」回報關係，並不是主管和下屬之間的關係，雙方對彼此都有正式的責任和交付項目。建立定期的節奏也很重要，讓行銷團隊檢視資訊科技擁有的科技，找出可以改善和最佳化的地方。

◆中心化和去中心化擁有權

在行銷科技領域裡有一個重要的概念，就是行銷平台是否由中央統一擁有。中心化行銷科技擁有權是指，由單一團隊擁有行銷科技所有的合約、預算和行政；去中心化擁有權則是指，不同工具的合約、預算和行政由不同團隊擁有。接下來詳細說明。

中心化擁有權

在中心化擁有權的模型裡，所有的行銷科技都是由同一個團隊擁有，通常是行銷或資訊科技團隊，所有的新舊行銷科技合約都會透過這個團隊。這個模型的優點是治理和減少重複。由於所有的行銷科技都是同一個擁有者，很容易就能知道現在有哪些行銷科技、誰在使用這些行銷科技、誰能存取這些行銷科技，也可以很容易看出科技組合裡，有沒有任何工具發揮相同功能或是做了重複的工作。要注意的是，中心化擁有權在小型組織裡較容易實行，像是組織只有五名員工組成的行銷團隊，就沒必要將行銷科技擁有權去中心化。

去中心化擁有權

在去中心化擁有權的模型裡，行銷科技是由多個團隊擁有，如果組織裡有多個行銷團隊，特別常有這種情形。比方說，如果每個地區都有自己的行銷團隊，像是北美、EMEA（歐洲、中東及非洲）與亞太地區等，各個地區可能會有自己的一套工具，而每套工具可能不盡相同。不同團隊也可以使用彼此的工具，有時甚至擁有同一套工具，只是合約不同。去中心化模型通常出現在想加快速度的大型組織裡，或是發生在併購後（也就是組織的行銷團隊過去是分開的，科技組合當然也不一樣）。去中心化的好處是，團隊可以針對自己獨特的需求快速客製化工具，不用等待中心化擁有權團隊為他們添購工具。很多時候，中央的行銷科技擁有者如果看不出有需要，就可能拒絕購買新的工具。

混合型擁有權

結合中心化和去中心化的行銷科技擁有權模型並不罕見。在混合模型裡，客戶關係管理和行銷自動化平台等大型平台，是由單一團隊（如行銷營運團隊）擁有，而小型平台則是由個別團隊擁有。這在團隊會根據功能進行細分的大型組織裡特別常見。比方說，組織裡可能會有一個行銷網站團隊，專門負責網站上的所有行銷活動，這個團隊可能會用到某些特定工具，這些工具可以滿足他們的需求，但是對功能不同的其他部門來說可能沒有那麼重要。在這個例子裡，行銷網站團隊不要打擾中央團隊，而是自行添購這些工具較合理。

建議

在公司應用哪一種模型要視情況而定，對新創公司這類小型公司來說，除了中心化外，真的沒有其他選項；對有許多截然不同事業單位的大型母公司而言，實行中心化毫無道理，因為不同部門的行銷活動通常很不一樣；若是介於兩種規模之間的公司，使用中心化模型推動並管理行銷科技策略會容易許多。確保工具彼此整合、資料在系統之間順暢流動、工具能提供一致性的回報，是很不簡單的任務。如果各個團隊在你不知情的狀況下自行購買工具、針對組合裡的不同工具有不同的用途，要管理行銷科技策略就會更加困難。

◆銷售科技與相關工具

現在有越來越多和行銷科技領域相近的工具，如銷售科技（SaleTech）、客戶成功工具、資料工具等。雖然這些工具不太可能由行銷人員擁有，但你應該定期檢視公司使用不同工具的方式、工具是否有重複，以及工具互相協調的方式。例如，與客戶產生互動的資產有可能是行銷科技和銷售科技發起的，因此這兩類工具在歸因時都要納入。你應該和這些相關工具的擁有者每季開一次會，以便達成全面性又最優質的客戶互動策略和體驗。

◆像管理產品那樣管理行銷科技

想要有成效地管理行銷科技，其中一個方法是把它想成產品管理。在產品管理的領域裡，產品經理會和使用者談話、優先推出他們會使用的功能，並密切監控產品，以進行最佳化和在日後做出改善。同樣地，行銷科技經理可以想想，什麼樣的行銷科技會為你的客戶（內部和外部客戶都是）

創造最佳體驗、如何排定行銷科技平台和專案的優先順序，以及如何在日後最佳化科技組合。

從客戶出發：正如產品經理需要明白客戶的需求和動機，才能創造出他們真的會使用又能獲得價值的產品與服務，行銷科技經理也必須思考外部客戶需要從行銷得到什麼、內部利害關係人需要什麼，才能把工作做得更好。例如，針對你公司提供的服務，客戶是否得到需要的資源？他們在你的網站上可以輕易找到文章、教學、報告、影片等內容來滿足需求嗎？如果答案是否定的，資源管理工具或內容體驗工具說不定可以在這方面提供幫助。那麼內部利害關係人呢？他們能否輕鬆快速地產生登陸頁面和電子郵件等創意資產？如果不能，自助資產建立器可以為工作流程帶來成效。重點在於，行銷科技應該幫助內部和外部客戶達成目標。

目標和優先順序：產品經理還會做一件事，就是專心創造為內部和外部客戶帶來最多好處的功能，他們會檢視需要做到的所有目標與功能，然後根據架構排定優先順序。在檢視需要執行的各種行銷科技工具和專案時，你也可以應用這些原則。RICE架構〔即觸及（Reach）、影響（Impact）、信心（Confidence）和努力程度（Effort）〕，是為工具和專案排出優先順序的一個很有效方式。觸及是指一個工具可以幫助多少使用者或客戶；影響和目標相對，是指工具幫你實現商業目標的程度有多大；信心是為了減少主觀意見，是指你有多少資料符合架構其他要素的分數；努力程度則是指執行工具或解決方案有多困難。使用RICE架構公式，就可以把最能幫助團隊的工具和專案依照順序排列出來。

回饋與迭代：行銷科技經理還可以向產品管理借用的概念是回饋與迭代，從利害關係人和成果的角度尋求回饋，是為了探究與調查一樣東西是否發揮成效。在行銷科技領域裡，是透過詢問以下問題，檢視特定平台的成果：它表現得和我們預期的一樣嗎？此外，你也要和平台使用者聊聊，詢問他們：這個平台是否很有效率地達成你需要的目的？得到回饋後，你就可以根據回饋進行迭代。迭代可能只需要對平台的配置和整合做出些微調整，也可能需要移除整個平台或整套平台。迭代的精神就是做出改變，以便持續改善與進步。

範疇和工作流程：完成目標與優先順序的設定後，產品經理接著會和技術資源配合，把產品生產出來。其中涉及的許多主題都可以應用在行銷科技上，因為執行科技的過程需要界定範疇（了解必要條件，並制定計畫滿足這些條件）和工作流程，而這與管理專案及建造高成效的科技組合需要完成的工作都有關，執行新的行銷科技平台是最典型的例子。首先，你要界定這個專案的範疇，回答哪些資料需要匯入新系統、哪些工具需要和新平台整合、你會需要哪些人力資源完成這個專案等問題。開始執行系統後，你要設定階段性目標，並定期關心進度，確保專案上軌道。

管理行銷科技需要具備的技能

前面一直提到管理行銷科技需要技術資源和人力，現在就來釐清其中的含意，可以把技能分成硬實力和軟實力兩種。

硬實力：硬實力是指技術方面的技能，好比說硬資料是指確切的數字。行銷科技經理需要具備幾項重要的技術技能，包括數位行銷基礎、基本前端網站開發、關聯式資料庫及統計學。「數位行銷基礎」聽起來很廣泛，但其實是指，了解潛在客戶如何經由線上管道得知你的公司，以及你要如何透過電子郵件、社群媒體、行動裝置等戰術，培養、轉換及取悅消費者。再者，你雖然不需要成為程式設計師，卻需要掌握前端網站開發的基礎，特別是HTML、CSS和JavaScript。你不用從頭撰寫程式碼，但應該能讀懂這些程式語言，大概知道某組程式碼在做什麼。關聯式資料庫是指擁有互相連結的物件和表格的資料庫，行銷科技組合裡幾乎所有工具都會用到關聯式資料庫，因此掌握基礎知識很重要。最後，認識統計學也很重要，如果想在行銷科技這種以資料為基礎的產業工作，就該了解平均數、標準差、機率和統計顯著性等詞彙。

軟實力：管理行銷科技需要具備的軟實力，包括跨部門專案管理和清楚的溝通能力。大部分的行銷科技作業都需要各個利害關係人協助，尤其是銷售營運、銷售與行銷、客戶成功，以及產品團隊和工程師等技術資源。知道如何在沒有權力的情況下影響這些群體，是完成工作需要具備的關鍵技能。

清楚的溝通能力對任何產業來說都有幫助，但在行銷科技領域中特別強大，能清楚表達（特別是用文字）行銷科技的各種好處，以及整合高成效科技組合需要的一切，會在未來產生長遠的效益。

◆整合所有科技組合

行銷科技組合如何整合在一起，是很重要的概念。這是指資料在不同系統中流動的情形，以及資料整體的移動狀況，如何支援客戶體驗和商業目標。行銷科技的整合會這麼重要，是因為行銷科技的價值有很大一部分需要仰賴對的資料，而且資料必須能即時進行操作。舉例來說，假如一個系統不知道客戶行動發生在另一個系統，你就無法根據客戶做的行動發送即時行銷活動。此外，若是某個平台的資料不存在於中心化回報工具裡，你就無法做出有根據的行銷決策。確保資料可以從一個地方傳送到另一個地方，是行銷科技成敗的關鍵。

成功整合的祕訣

首先，你必須先繪製行銷科技組合地圖，以視覺化方式呈現資料在各個組成之間流動的情形。所謂的繪製地圖，是指以視覺化格式記錄你的科技組合。在白板或布幕上擺放商標是很受歡迎的做法，每個商標代表行銷科技組合中不同的工具，接著再以畫線連接商標的方式，代表兩個工具之間存在整合相連的關係。你應該繪製的第一張地圖，是客戶旅程的地圖，也就是應該根據客戶的活動，看看你從客戶那裡得到哪些資料。比方說，如果客戶在網站上填寫一張表格，哪一個工具負責捕捉表格提供的資料？這份資料會跑去哪裡？這份資料會同步到哪裡？這份資料最後會回報到哪裡？在很多情況下，網站上填寫的表格會出現在內容管理系統，同步到行銷自動化平台，因此也會同步到客戶關係管理系統，最後在Tableau或Domo等資料視覺化工具進行回報。現在你知道怎麼使用地圖，把各個工具以視覺化的方式連接在一起，可以判斷這是不是連接工具的最佳方式、需不需要增加額外的工具、重新排列科技組合裡的工具是否會獲得更好成效。

接下來，你可以用商業報告的角度思考行銷科技整合。例如，每家公司都需要幾個關鍵參數來支援生意，像是收益、潛在客戶資料、會議、機會、流程和資料庫大小，這些資料點全都要匯入一個中心化回報工具。在規劃整合時，你要繪製一張新地圖，這次放上所有的行銷科技商標後，畫線顯示資料如何流向中心化回報工具。有時候必須先連接某些工具，才能得到較高階的資料形式，例如連接行銷自動化平台和客戶關係管理系統，就能得到行銷產生的機會資料。值得一提的是，現在越來越流行使用中心化資料工具來簡化這個過程，如客戶資料平台。使用客戶資料平台時，接觸到客戶的所有工具產出的全部資料都會進入一個中央資料庫，這個資料庫會進行更新正規化，再傳回各個特定的工具。在這張行銷科技地圖裡，客戶資料平台會放在中間，組合裡的其他工具則在四周圍成一圈。

增加額外的科技到組合裡

整合行銷科技組合有一個很重要的環節，就是在增加另一個系統時，判斷必須考慮的事物。第一個要考量的事物是本地整合。本地整合是由一或多個工具供應商建立的連結，會這麼做通常是因為把這些工具整合在一起十分常見。本地整合往往比客製化整合還要健全，如果出現任何問題，也可以仰賴供應商修正。本地整合是最理想的整合形式，但是如果工具之間不存在本地整合，你就要考量到客製化整合需要付出多大的心力。進行客製化整合時，你要用到兩個或兩個以上的應用程式介面，讓兩個系統可互相溝通。你可以自行建立整合、僱用擁有應用程式介面的技術資源，或是利用Zapier、Tray.io和Workato等工具，不用寫程式就能有一個平台可以管理應用程式介面連接。不管你怎麼建立整合，總之，要記住有些使用案例會需要十分健全的整合。例如，行銷自動化平台和客戶關係管理之間的整合，應該要做到幾乎即時的雙向同步，才能支援時機最佳的客戶互動。由於自行建立這樣的整合很困難，本地整合會是最佳選擇。

科技組合自動化

最後，你應該考慮將行銷科技組合的某些層面自動化。雖然你絕對不該把行銷的一切全部自動化，但是將一些重複性的人工作業自動化，可以節省很多時間。自動化也能加快商業上的關鍵交付項目，如得到潛在客戶資料的速度，以及得到機會的速度。一個很好的科技組合自動化例子是，利用Workato這樣的平台根據某個平台的活動在另一個平台觸發事件。舉例來說，假設潛在客戶填寫聯繫我們的表格，Workato可以在客戶關係管理系統建立任務、在行銷自動化平台觸發一封電子郵件，並在像Slack這樣的聊天平台通知銷售代表。還有一個很好的例子是，使用Syncari這樣的平台自動正規化和同步化資料。要用最好的方式支援行銷，不同系統的資料就應該一模一樣。Syncari可以將某個系統的資料製作成最好用的格式，然後確保所有對應系統都有相同的資料，以相同的格式呈現。

科技組合自動化雖然可以帶來許多好處，但一定要小心監控，絕對不要「設定好就拋諸腦後」。

◆使用者與存取權限管理

使用者與存取權限管理是行銷科技領域裡一個很重要的概念，是指哪些使用者可以進入哪些系統，以及每位使用者的存取權限又是什麼。例如，銷售人員可能可以進入客戶關係管理系統，但不能進入其他行銷平台；較小型的使用案例使用者可能只有行銷自動化平台的瀏覽權限，卻不能發起行銷活動；經驗不足的使用者或許可以在內容平台建立資產，卻無法發布。這個概念很重要，因為它能限縮風險，也能從安全性的角度保護資料和資產。存取行銷平台的模板就是限縮風險的典型例子，假如沒有經驗的使用者錯誤更動模板，可能會影響未來使用這個模板建立的所有資產。然而，如果這位使用者一開始就沒有權限編輯模板，錯誤影響的範圍只會侷限在自己的資產。另一個例子則是「懷有惡意的人」（但願這種人很罕見），像是意圖不軌的駭客或競爭對手等外部第三方，或是心懷不滿的員工，若是沒有存取權限的管理和平台安全性，這種人會大鬧系統、竊取客戶資料。

如何做到良好的使用者與存取權限管理？

你應該思考的第一件事，就是哪些使用者可以進入哪些平台。使用者應該只能進入完成工作必須使用的平台。例如，行銷人員如果不需要發布部落格或檢視網站分析資料，或許就不需要內容管理系統的存取權限。接著是角色的概念，也就是一位使用者在某個系統內擁有的一套存取權限。例如，管理員的角色擁有完成系統內大部分任務的存取權限，但是一般使用者的角色只能創造和回報行銷活動。管理員也可以增加或管理其他使用者，這是另一種治理形式。另一個常見的存取層級則是「唯讀」，表示使用者可以檢視系統內的資產和資料，卻不能加以編輯。這裡有兩個重要的概念：讀出存取與寫入存取。寫入存取的意思是，使用者可以編輯（通常也能刪除）資產；讀出存取則是檢視資產的權力，但不能做出任何改變，通常會授予只需要檢視資料以產出報告，或是使用資料做其他事的使用者。除了兩者外，可以創造許多不同的客製化角色，根據你的情況混合讀出存取和寫入存取。

權限組合是什麼？與角色又有何不同？

角色其實就是使用者可以發揮的一套權限（即能力），而權限組合則可以讓個別使用者獲得更多能力，不需要建立新角色。假設你有三種使用者角色，分別是管理員、一般使用者及唯讀使用者。在角色設定裡，只有管理員擁有模板的寫入存取權限。可是假如其中一位一般使用者有很棒的設計背景，如果能修改模板，會為團隊帶來很大的好處。你不用給予這位使用者管理員的存取，也不用為這位使用者創造全新角色，只要賦予額外的權限組合，讓這個人能針對模板進行寫入存取即可。這樣一來，你可以讓整體的角色結構維持不變，又能獲得使用者獨特能力所帶來的好處。

單一登入系統

談到使用者治理和存取權限管理，就應該提及單一登入系統這個概念。單一登入系統（或簡稱SSO）是一種鑑別方法，讓使用者只要使用一組憑證就能安全登入多個應用程式和網站；換句話說，使用者只要登入一次，就能進入行銷科技組合裡大部分，甚至全部的平台。這樣不但額外增添一層安全性，也能提高效率，因為使用者不必記住不同的使用者名稱和密碼。此外，由於使用者只有一組登入帳號、密碼，如果決定要離職，公司就可以自動封鎖他們登入所有工具的憑證。當行銷科技組合的組成和使用者人數變得越來越多時，你可以考慮使用SSO簡化並提升使用者的管理方式。

◆記錄科技組合

前面曾短暫提到以流程圖的形式記錄行銷科技組合，但是因為這個概念非常重要，接下來將詳細說明。我們會談到三個不同的例子，討論每個例子可以為組織帶來的不同價值。

圖8.1是一個簡化的例子，中間放置客戶資料平台，組合裡所有的行銷科技平台都和客戶資料平台這個中央平台相連。沒有客戶資料平台的行銷科技組合可能沒有這樣的輻射狀結構，兩個平台之間很可能互相整合，卻沒有和組合裡所有的平台連結。

◆維基百科和指南手冊

行銷科技地圖雖然是記錄行銷科技很棒的起點，卻少了操作各個元素的文字敘述和指示。內部維基百科（Wiki）和資源中心，很適合發布現在正在使用的行銷工具有哪些、每個平台的擁有者是誰，以及應該如何獲得協助。有的公司甚至建置訓練和支援專用的影音圖書館，幫助使用者在不同的平台中快速上手。指南手冊也是很棒的資源，包含附有截圖和參考資料的詳細教學步驟，說明如何操作特定的工具與平台，對於出現人事變遷的組織來說非常寶貴。以人員更換為例，假如有一位重要的行銷科技員工離職，帶著如何操作行銷科技組合的寶貴知識一起離開，該怎麼辦？這個例子突顯行銷科技組合必須詳加記錄的重要性。

◆建立卓越的行銷科技維基百科

建立一個全方位的行銷科技維基百科，是你最值得投入時間完成的事項之一。維基百科是協作的網站或平台，可以讓很多人增加

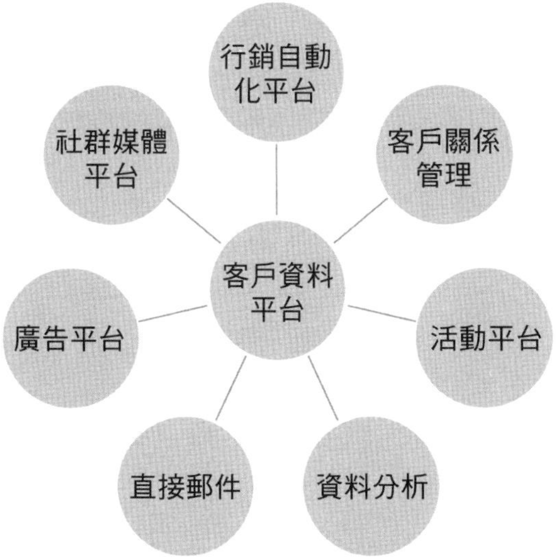

圖 8.1　科技組合範例

內容。以這裡的例子來說，是指行銷團隊，以及能在行銷科技方面貢獻有用資訊的任何人，包括產品經理、工程師、分析師等。這是非常重要的建置，因為行銷科技維基百科是利害關係人的內部資源，使用者需要學習使用行銷科技或得到協助，都會來到這裡。它也會記錄每個平台的擁有者和運作方式，這些資訊對行銷科技團隊，以及進行行銷科技專案的任何人都十分重要。

擁有一個健全的中央行銷科技維基百科有很多好處。首先，它是使用者的自助資源，可減少平台管理員的負擔。隨著組織不斷成長，你一定常被詢問可用的行銷科技工具有哪些、如何進入這些平台，以及這些平台的使用狀況等。如果沒有行銷科技維基百科，你的團隊就要負責回答這些問題，必須一而再，再而三地給出同樣的答案。架構清楚、內容保持更新的行銷科技維基百科，可以讓使用者自行找到答案，並在使用各種行銷平台時不斷回來，把它當成圖鑑使用。另一個好處是，新員工可以快速上手，不需要花費太多時間接受舊成員的訓練。新員工當然應該和原本的團隊成員碰面，以便建立關係，但是這些會面往往浪費太多時間在反覆傳達同樣的行銷科技資訊。

行銷科技維基百科是絕佳的訓練資源，雖然有的工具操作滿直觀的，但大部分還是需要經過一些訓練才能被全面採用。行銷科技維基百科可讓使用者按照自己的步調學習，還會提供各種訓練媒介來強化學習。很多行銷人員都忘記一件事，就是訓練其他使用者能讓成果加倍。假如行銷人員可以利用一套行銷工具和客戶互動，並產出商業成果，訓練他人重複這個過程，就能讓成果加倍。行銷科技維基百科也能幫助使用者自行解決平台的疑難雜症，為你的團隊節省許多時間。許多平台會出現問題，可能是使用者犯的小錯誤造成，「常見問題」這個頁面能幫助使用者判斷並解決自己的問題。

建立行銷科技維基百科的指導方針

建立行銷科技維基百科需要的第一件事，就是用來儲存和編輯行銷科技維基百科的平台，你雖然可以使用網站內容管理系統儲存，但這很難進行管理和訓練他人編輯。理想上，你應該選擇具備行銷科技維基百科管理功能的服務，方便你和多位使用者持續增加並更新內容。像Confluence這樣的平台可以讓你建立多個頁面和區塊，好好整理資訊，也讓使用者可以編輯內容、留言發問或回報不正確的資訊。假如付費平台不是最佳選擇，也可以使用Sharepoint或Dropbox等共享檔案系統，得到需要的大部分功能。

再者，你要列出最符合組織需求的行銷科技維基百科區塊，較小型團隊只需要幾個頁面和參考資料連結就夠了，至於企業級公司則往往會有數十頁。還有一個重點就是，行銷科技維基百科應包含越多不同形式的資源越好。例如，行銷科技訓練資源應以書寫格式、視覺格式、影片及線上課程的形式呈現，迎合不同使用者學習和內化新資訊的不同方式。

建議要素

以下列出行銷科技維基百科建議的幾個重要要素。記住，這些要素會因為行銷科技組合和利害關係人數量而有很大的差異。

高階團隊資訊：包含行銷科技團隊及其權力的相關資訊，你應該不斷更新內容，寫下每位團隊成員及其在團隊裡的職務、各個成員的聯繫方式，以及在什麼情況下可向他們求援等資訊。你也可以在這個頁面裡放入一張表格，列出每個行銷工具由誰擁有。這一頁很重要，如此一來，利害關係人才不會不知道該找誰幫忙處理行銷科技的問題，也能設立一些界線，明確指出哪些是行銷科技團隊的職責，哪些不是。

路線圖：行銷科技維基百科的路線圖頁面列出，行銷科技團隊在接下來一年希望完成的專案和工作。這可以用簡易的清單呈現，只列出專案的截止日和進度更新，也可以用甘特圖（Gantt chart）等視覺化格式呈現。路線圖之所以重要，有幾個原因。第一，利害關係人可以知道行銷科技團隊接下來幾個月會做哪些事，也可以幫助他們準備資源或時程，以充分利用產品和功能。第二，路線圖讓行銷科技團隊有機會列出自己對公司的貢獻，並展現交付項目。最後，這也是保障時間的一種方法，因為行銷科技團隊在傳達自己的工作優先順序時，可以引用路線圖，碰到不那麼優先的要求時也可以順利拒絕。

關鍵報告：你應該開闢一個區塊，收錄行銷平台提供的關鍵行銷報告，包括營收報告、行銷績效報告及行銷科技系統報告。這個區塊很重要，可以讓利害關係人快速找到重要的商業報告，也能促進整個組織的透明度。有必要時，別忘了包含進入特定回報平台的指示步驟。

平台和擁有者清單：除了團隊資訊外，你也可以使用一個頁面列出平台及其擁有者的完整清單。如果組織內有很多行銷科技使用者會用到多個平台，這個要素更是格外重要，如果他們遇到特定平台的問題，即可以聯繫正確的平台擁有者。假如你的行銷科技組合很龐大，也會很有幫助，因為使用者可能不曉得所有可用的工具。

存取要求：另一個可以考慮開設的區塊是存取要求，列出存取每個平台的規則和指示。對某些組織來說，不要讓每個人都能存取某些工具是很重要的，這麼做是基於保護客戶資料或預算方面的理由。這個區塊也可以描述使用者根據自己的角色會得到什麼類型的權限，還有他們可以如何要求存取，例如設置要求收取系統或要求存取的流程都很常見。

資料字典：行銷科技維基百科應包含一個詞彙表，列出行銷科技使用者該認識的術語和欄位名稱。術語包括特定平台的用語、公司行話，以及產業、工作職稱、職位部門、用途等常見欄位的名稱和描述。這很重要，因為不同的平台可能使用不同的用語，而欄位也可以有不同的使用目的。資料字典幫助讓行銷科技的利害關係人，在談論行銷科技時有共同詞彙可以使用，促進良好溝通。

訓練中心：這是行銷科技維基百科裡存放所有資產和資源，幫助使用者學習行銷科技不同面向的區塊，其中應包含使用每個平台的教學文件，還有供應商建立的訓練素材等外部資源。有辦法的話，應該收錄使用多種媒介製作不同版本的訓練素材。比方說，針對如何使用某個行銷自動化平台創造新的電子郵件進行教學時，你應該收錄附上截圖的文字說明、影片示範、供應商素材的連結，還有使用者可以參加的實體工作坊時程表。在行銷科技維基百科裡納入訓練中心是很棒的做法，可以讓利害關係人有管道隨時增進行銷科技技能。

支援表單：行銷科技維基百科的支援表單區塊，會描述遞交問題給行銷科技團隊尋求協助的時機和方式，其中應包括遞交要求的條件，像是誰可以在什麼情況下針對哪個平台遞交要求。我也建議納入支援表單的服務等級協議（Service Level Agreement, SLA），這樣使用者才知道問題何時會有人處理，少了SLA，使用者沒有立即得到回應可能會變得焦急煩躁，如果SLA讓他們無法接受，也會想要催促或提報。可能的話，建立支援收取系統時要自動將需求指派給對的團隊成員，只要在相關支援平台上客製化支援要求的欄位和工作流程即可。

辦公時間：必須支援大型組織的行銷科技團隊應該要有辦公時間，也就是定期安排一個時間，讓使用者可以出面向團隊成員要求協助。例如，使用者可以在辦公時間為他們試著使用行銷科技發起的活動進行疑難排解，或是初次學習使用某個工具。行銷科技維基百科的辦公時間區塊會向使用者說明報名辦公時間的時間和方式，並提供接下來辦公時間的時間表。

行銷遵循與同意：行銷科技維基百科應該有一個行銷遵循與同意的區塊，用來說明客戶資料的獲得、處理和使用方式，還有不同的行銷科技平台是如何取得客戶同意。這個區塊因為涉及法律議題，所以十分重要，可以告知使用者最新的資料和法規遵循政策。

◆資料安全與法規遵循

這是本章很重要的小節，但是請務必注意，此處提供的建議不可視為專業的法律建議。想要了解這些主題，你應該檢閱所在地有關行銷和資料遵循的官方規則與規範，並在必要時徵詢律師的意見。資料安全是指保護系統內的使用者和客戶資料不受任何惡意人士盜用；遵循是指遵守各國政府訂立的法規與方針；同意則是指獲取消費者在使用資料方面的同意。

從較高層級來看，這些議題值得我們特別考量，因為違反這些規定可能被課處罰金，最糟的情況還會被視為犯罪。全世界有很多組織因為未能遵守後面將提到的方針，而被迫支付數億美元罰金。從較深入的層面來看，尊重並保護消費者資料是一種道德，也是維持客戶信任的必要條件。從戰術的角度來看，不遵守《一般資料保護規則》和《控制未經邀約色情與行銷侵擾法》等方針，會造成寄件者信譽與到達率等問題，還會讓取消訂閱的數量增加，影響可寄送的資料庫。

首先，要檢視內部實務，你的資料庫是否安裝適當的防火牆和安全機制？你是否制定使用者權限與存取管理的相關政策，以限縮風險，保護資料不被有心人士盜用？這些基本的安全程序可以長期保護資料安全。接著，要檢視儲存你的資料或可以存取資料的供應商，包括與團隊配合的行銷科技供應商和代理商或承包商，這些供應商應該清楚記錄維護資料安全的方式，因為如果資料遭到入侵，是你的資料會曝光。再者，你要確保已簽署資料處理協議（Data Processing Agreement, DPA），這份法律契約會說明資料儲存和使用的方式，以及這些行為是否遵守《一般資料保護規則》等規範。

你需要知道各種規定和規範，以下將會列出幾項，但是建議你在行銷前先和律師聊過，以確保你理解這些主題及它們是否適用你的公司與產業。

《一般資料保護規則》：雖然《一般資料保護規則》是由歐盟（European Union, EU）起草和通過，但只要目標對象是或蒐集的資料來自歐盟地區的人民，世界各地的組織都有義務遵守。這個規範於二〇一八年五月二十五日生效，《一般資料保護規則》會重罰違反其隱私和安全標準者，罰金可能高達數千萬歐元。《一般資料保護規則》的一些較著名的規定，包括明示同意的要求，以及被遺忘權。〔英國脫歐（Brexit）後，《一般資料保護規則》已被納入英國法律。〕

《控制未經邀約色情與行銷侵擾法》：美國國會在二〇〇三年制定《控制未經邀約色情與行銷侵擾法》（Controlling the Assault of Non-Solicited Pornography and Marketing Act, CAN-SPAM Act），樹立規範垃圾郵件的國家標準。二〇〇三年《控制未經邀約色情與行銷侵擾法》法案內容，包含禁止欺騙或誤導的資訊和信件標題、要求在電子郵件訊息中包含回信電郵地址等可供辨識的資訊；禁止在收件者已明確回覆不願繼續收到信件後，還發送信件給收件者，該法案將寄送非請求的行銷訊息視為違法。

《加拿大反垃圾郵件法》：新的《加拿大反垃圾郵件法》（Canada's Anti-Spam Legislation, CASL）適用於所有由組織發送，與「商業活動」有關的電子訊息（如電子郵件和簡訊）。其重點在於，所有的加拿大和全球化組織在加拿大境內，自加拿大或向加拿大發送商業電子訊息（Commercial Electronic Message, CEM）之前，都必須先取得收件者的同意，該法規不適用於只是途經加拿大的商業電子訊息。

《加州消費者隱私保護法》：《加州消費者隱私保護法》（California Consumer Privacy Act, CCPA）是為了改善加州居民資料隱私權而設計的法案，讓公民有權利知道自己的資訊何時被蒐集和販售、方式又是什麼，並可以選擇退出。此外，無論公民是否行使隱私權，在法律上都有權利得到相同的服務和服務售價。

◆什麼是行銷同意？

行銷同意是指公司可以用來儲存、追蹤及使用消費者資料的方式，電子郵件和cookie追蹤是最好的例子。消費者必須同意收到電子郵件，也要給予許可才能被使用cookie追蹤。為了讓這個概念容易理解，接著就來談談電子郵件行銷中不同類型的行銷同意。

明示同意：當消費者主動允許你寄送電子郵件時，這就是明示同意。通常消費者是以點擊勾選的方式進行明示同意，表示願意進入行銷溝通。

默示同意：假如公司和消費者之間有商業關係，公司不需要消費者給予「明示同意」，即可寄發行銷郵件給消費者，這就屬於默示同意。典型的例子是，公司可以寄發行銷郵件給既有客戶。

義務同意：義務同意是在日本使用的一種行銷同意類型，意指消費者沒有同意收到行銷訊息，公司就不能蒐集消費者的電子郵件地址。典型的例子是，給消費者一份表格，如果消費者沒有同意收到行銷郵件，就不能遞交他們的資訊。

雙重確認：有些國家會要求消費者再次確認同意收到行銷郵件，如德國。意思是消費者遞交自己的資訊後，還會收到一封確認信，他們必須主動點選，以確認自己想收到這個組織的行銷郵件。

行銷前務必諮詢所在地的法律專家，確保你的行銷方式並未違反相關規範。

◆如何落實行銷同意？

要確保你的組織確實遵守消費者的行銷同意，有兩大關鍵：一是建立一個高成效的偏好設定中心；二是創造符合行銷同意的資料程式和流程。

偏好設定中心：偏好設定中心是一個線上的登陸頁面或表格，可以讓消費者告知組織，他們想收到的電子郵件類型。他們可以訂閱特定的交流類型，如電子報、優惠訊息、邀請函等，也可以取消訂閱所有的行銷信件。有些偏好設定中心還會提供更多客製化功能，像是讓消費者選擇行銷訊息寄送的時機和頻率，或是選擇收到認可夥伴的訊息。無論你讓消費者有多少偏好可以選擇，擁有一個健全且運作良好的偏好設定中心，對尊重消費者的行銷同意來說至關重要。

管理行銷同意資料：在拿到消費者選擇收到哪些類型的信件相關資料後，必須加以落實，建立程式確保消費者只收到他們訂閱的訊息。做到這點的方式有很多，看你使用哪一種行銷平台，但是關鍵在於，根據消費者的同意抑制或排除某些訊息。例如，你的設定應避免行銷人員寄送消費者取消訂閱的訊息，同時根據行銷活動類型，排除消費者沒有選擇想收到的行銷活動內容。

- 行銷科技組合的目標是客戶體驗、收益，以及健全又可擴充的行銷科技管理。
- 行銷科技應該有明確的擁有者，你也必須考慮要讓行銷科技擁有權中心化或去中心化。
- 確保要像產品經理那樣管理行銷科技，建立科技組合時不要忘了你的目標和使用者。
- 確保科技組合能互相整合，對高成效行銷科技管理來說至關重要。
- 你應該投入時間，使用地圖圖表、維基百科和指南手冊，記錄行銷科技組合。
- 資料安全與行銷法規遵循不可輕忽，你應該把保護客戶資料和遵守他們的偏好放在第一位。

第九章

成果測量與績效回報

◆行銷科技測量

杜拉克在權威著作《論管理》（*On Management*）中，談到測量的重要性：「獲得計量的事物就能得到妥善管理。」許多行銷人員常犯的錯是，把行銷科技建置好了，卻沒想到辦法回報行銷科技的成效與可以改進的地方。行銷科技測量是令人困惑的主題，因為測量和回報牽涉到兩個面向。首先是一般的行銷回報，是指行銷報告的商業層面；再來是行銷科技系統的回報，包括系統性能、使用資料、疑難排解和效率。在接下來都會探討這兩個主題。

◆行銷回報

收益回報：行銷回報是指測量行銷的績效，以及行銷對公司帶來的貢獻。思考行銷回報的最佳方法是由上而下方式。要記住，大部分的行銷都應用在營業收入，就等於銷售額。你需要的第一份報告是收益報告，這會顯示銷售額從哪裡來。銷售可能來自新的生意（新客戶），以及續約和追加銷售（客戶），這可以再進一步分成不同的銷售來源，包括銷售團隊、合作夥伴、現有客戶的服務與諮詢，以及行銷。你的公司可能有更多銷售來源，但這些是最常見的。雖然你基本上關心的是行銷，但追蹤所有收益的來源會是好主意，可以讓你更了解行銷對收益做出的貢獻。關於來自行銷的收益，你應該追蹤以行銷為源頭的收益（行銷開發的潛在客戶最後做出購買行為），還有受到行銷影響促成的交易（潛在客戶不是來自行銷，但因為透過行銷活動進行互動而轉換）。你必須牢記「受到行銷影響」在組織裡的定義，因為這常被認為是較不明確的參數，很容易形塑成對行銷團隊有利。你不會想讓自己看起來好像是故意修改報告，要讓自己的團隊得到更多功勞。

行銷成效回報：收益回報的下一層是行銷成效回報，也就是測量行銷通路與活動的效益和效率。首先是通路報告。你要詢問每個行銷通路對收益和品牌覺察的貢獻如何？通路包括網站、廣告、社群媒體、電子郵件、直接郵件等。你必須測量每個通路產生的成果，如機會、潛在客戶資料、訂閱和互動次數。測量不同通路的表現後，你可以互相比較，接著找出方法最佳化每個通路。再來是行銷活動和企劃，活動可以定義為有時效的行銷（例如讓消費者參與的活動或優惠活動），而企劃則是長期存在的行銷（像是社群或教育培養系列）。如同通路報告，你必須測量所有活動帶來的成果。此外，你可以測量每個活動的投資報酬率，因為每個活動通常都有自己的支出。企劃較難測量，可能不會直接帶來收益，但是測量新加入的成員和互動程度等，可看出企劃成長的資料十分重要，因為這些可能對品牌覺察和消費者情感造成顯著影響。行銷成效回報比收益回報更需要戰術，但是仍對行銷成功非常重要。

行銷歸因

提到行銷回報，很難不談論行銷歸因這個主題。行銷歸因是指把功勞歸給各個行銷活動，例如假設某個行銷活動帶來一千美元的銷售額，你就可以把一千美元的功勞歸給該行銷活動。行銷歸因可以幫助行銷人員改善投資決定，聰明的行銷人員會利用行銷歸因判斷表現最好的通路和活動，藉此最佳化支出。行銷歸因有兩個問題：第一，行銷歸因只適用於可以進行追蹤的接觸點，社群媒體、網站流量和電子郵件行銷比較容易歸因，至於口頭行銷、品牌建立及轉介推薦則較為困難；第二，行銷人員常犯一個錯，就是利用行銷歸因來展現行銷的成效。換句話說，行銷人員會試圖利用行銷歸因證明自己的價值。這麼做不太好，因為行銷歸因不是很精準的科學，可能會造成領導階層和財務部門混淆。行銷人員必須謹記在心，要把行銷歸因當成協助做出更好決策的方式之一。

行銷回報的節奏：一份在LinkedIn上進行的調查顯示，在五百二十二位行銷人員中，有四三%的投票者表示每週檢視行銷報告一次，二九%則說會每天檢視行銷報告一次（圖9.1）。

你必須根據組織大小，決定多常與利害關係人和領導階級分享報告，若是小型公司，由於大部分團隊都知道發生什麼事，一封點出報告重點的簡單電子郵件就已足夠；若是大型組織，由於有數百人都不熟悉行銷部門報告的結果，分享報告這件事便要正式許多。你至少應該準備行銷季度業務審核（Quarterly Business Review, QBR），在這個正式的會議或文件裡，說明行銷部門的目標、朝著目標邁進的進度、對公司的貢獻及主要作為。較小型團隊絕對要每個月開一次會，說明行銷目前針對較戰術性目標（如流量成長和潛在客戶成長）有什麼進展。現在，我們接著要談談行銷科技系統回報的部分。

圖9.1　LinkedIn票選結果

行銷科技系統回報

行銷科技系統回報測量的是，行銷科技組合中各平台和工具的效益與效率，包括系統性能、使用與限制、效率及錯誤。記住，和只能做到一個或極少數功能的端點解決方案相比，行銷科技系統回報對行銷自動化平台、客戶關係管理系統、內容管理系統及客戶資料平台等大型平台更有用。

系統性能：在行銷科技領域，系統性能是指平台使用資源的方式和平台執行其預設功能的效率。許多行銷平台（尤其是在大型組織內）的系統速度，會因為執行不當而顯著變慢。舉例來說，假如你有一個很龐大的行銷自動化資料庫，同時有許多工作流程在運作，行銷活動和利害關係人的使用經驗會受到影響，你可能需要向行銷科技供應商索取系統性能報告；不過你可以自行監控系統的使用狀況，以及某個時期發生多少事件和活動。定期執行某些基本任務，以便親身了解平台運作的效率，也是好主意。例如，你可以執行測試報告或啟動資產和活動，看看每個任務花費多久時間完成。

系統使用與限制：檢查你使用多少系統，還有多接近帳戶的限制流量，是不錯的做法。例如，你在影片行銷平台上儲存多少影片、跑了多少報告？有多接近你的帳戶或方案限制流量？有些平台儲存大量資產並不會影響系統性能，但有些平台則會有影響，所以你應該刪除不再使用的資產。

系統效率：系統效率是指系統執行特定任務的速度有多快。對較小型的工具和任務不那麼重要，然而要進行資料庫回報與萃取轉置載入（Extract Transform Load, ETL）任務時，系統效率就變得非常重要。例如，要匯入或匯出擁有數百萬筆紀錄的資料庫時，有效率的系統能在合理許多的時間範圍內做到。你可能需要向供應商索取系統效率相關參數，但即便如此，知道系統順暢運作，並且在需要時可以進行大規模的工作流程或資料變更，總是一件好事。

錯誤：另一個應該隨時注意的是，每個平台曾發生的大規模錯誤次數。對小型工具來說，這可能微不足道，但是支援大型企業的健全平台卻經常出現中到大規模的錯誤。問題和錯誤通常可以分成一到五類：類型一代表這個錯誤大到整個平台無法運作；類型五代表很小的問題，應該在造成更大的影響前加以解決。以下列出更詳細的定義：

- 類型一：整個行銷平台都無法運作，又稱為「生產中斷」。
- 類型二：錯誤大到對客戶造成負面影響，例如客戶在登陸頁面看到一塊空白的內容。
- 類型三：錯誤損害到一群人的生產力，例如有好幾位使用者無法建立行銷活動。
- 類型四：有一位使用者無法使用平台完成任務。
- 類型五：對使用者的生產力沒有造成損害的小問題。

你應該每個月追蹤一次平台發生的問題次數和嚴重程度，尤其是大型組織。如果團隊每個月都經歷好幾次嚴重程度高的問題，或許就該做出一些較大的流程或平台更動。

行銷科技系統回報的節奏：由於需要聽取行銷科技系統回報的人數較少，你可以每季進行一次報告。季度報告應該陳述各專案在這一季完成的進度，並說明往後三季的路線圖。此外，你也要把季度報告濃縮成一份月度報告，提供較技術性的對象觀看，通常以電子報形式呈現即可。

◆適當治理，避免造成負面後果

現在要深入探討行銷科技的治理，在談到使用者權限時，曾短暫提及治理這個主題，但是治理還有很多內涵，會對科技組合長期的健全與成敗造成顯著影響。關於治理這個主題，我們會談到一個重點，就是確保使用者在循規蹈矩的前提下，以安全、可擴增又高成效的方式存取並運用行銷科技。

假如我們對待行銷科技治理的態度過於懶散，會造成幾個後果。第一，我們的工具可能遭受惡意人士威脅，對方可能來自內部或外部，目的是以某種方式傷害公司或客戶。例如，假使沒有進行治理，心懷不滿的員工可能會在公司的社群媒體上大肆散播不當訊息。再者，治理不佳可能會讓客戶資料外洩。即使員工並未抱持惡意，也不該將客戶資料不必要地分享給每位員工，客戶資料應該秉持隱私和尊重的態度處理。假設系統中存有某位客戶的網路偏好和地址，就應該只讓需要檢視這份資料的員工存取。最後，治理可避免錯誤失控，我有一個團隊把這比喻為「限縮爆炸半徑」（limiting the blast radius）。假設某個行銷活動設定錯誤，沒有瞄準特定受眾，而是把目標受眾設為所有人，如果進行適當治理，你可以把某個活動的總受眾大小限縮在特定地區或某個最大值，這樣即使出錯，影響的範圍也不會比沒有進行治理來得大。

如何限縮爆炸半徑？

我來教你如何限縮科技組合的爆炸半徑，很簡單，只要遵循這個原則：所有使用者都只擁有完成工作需要的平台與資料存取權。如果是三人以下的小團隊，不用理會這個原則，因為這麼做沒有什麼投資報酬率；可是如果團隊規模越變越大，這個原則就會變得越來越重要。以平台為例，如果一個行銷人員的職責是發送電子郵件，就只能擁有完成這項工作需要的工具存取權，可能包括行銷自動化平台、客戶關係管理系統及數位資產管理平台，但不包含管理社群媒體、影片行銷、網站內容的平台。以資料為例，如果一位行銷人員只需要檢視轉換率是提高或下降，就不需要讓他檢視個別客戶的姓名和聯絡資訊。你要確保他的資料存取權能看到活動的高階參數，但是無法存取個人可識別資訊（Personal Identifiable Information, PII）。

治理文件：你應該建立一份文件，讓利害關係人知道使用者需要獲得的每一層權限及其原因。最理想的呈現方式是，用表格列出每個使用者根據自己的職務，需要擁有的平台類型、權限層級和資料存取。

治理支持：你需要籠絡領導階層，才能對使用者執行治理；換句話說，缺乏對整個組織具有影響力的領導階層明確支持，使用者很可能為了得到更多存取權而與你爭論。你可以透過文件或簡報的方式解釋這幾章提到的概念，從領導階層獲得明確認可，以便強力執行行銷科技治理。

行銷科技組合遭到惡意接管怎麼辦？

你可能常和利害關係人意見相左，對方想改變組織裡行銷科技的運作方式，例如他可能沒做功課就購買其他工具，或是把行銷平台拿來做不同的用途，像是工程師或客戶成功的利害關係人，常想透過電子郵件行銷平台或行銷自動化平台發送重要信件，可是這些平台通常會有共用的電子郵件伺服器，也就是多家公司共用一個伺服器，因此這麼做可能造成到達率方面的問題，難以解決。然而，利害關係人會堅持想要這麼做，因為電子郵件與行銷自動化是發送訊息給客戶的最容易方式。基於這個理由和其他許多的狀況，你需要擬訂策略，處理針對行銷科技組合做出互相衝突的要求。

專注在商業目標上：利害關係人常會要求新的產品或功能，好「嘗試新事物」或提高效率。這些雖然不是惡意的請求，但是商業和行銷要成功，不只是靠實驗與效率。很多利害關係人常會忘記，行銷科技團隊總有資源短缺的狀況，決定購買一個平台或支援一項功能，往往意味著要放棄另一個平台或功能，這就是你必須清楚說明對行銷科技和行銷科技組合的目標，並明白規劃當年度要做事情的原因。如果出現一個新的工具或專案，你便能輕鬆與現有的目標和路線圖進行比較，判斷是否應該做出更動。

檢查資源：你不但預算有限，人才也有限。實行新工具和新功能一定需要人才與時間，如果你的團隊總是忙著處理新請求，就永遠沒有時間做最重要的事。管理資源是很重要的技能，你應該列出每個團隊成員正在進行的專案，然後指出每個人有多少餘力接下額外的工作。你必須確定不會犧牲重要專案的交付項目，才可以處理對新平台或新功能的要求。

運用長期思維：大多數時候，要求取得新的工具和功能都是為了解決當下的某個問題。如果你太常向這些要求屈服，最後只會把科技組合變得很混亂，還會有好幾個平台無人使用。解決這個問題的關鍵就是要想得長遠：我們現在面臨的問題，明天還會繼續存在嗎？明年呢？如果推動一項新工具，我們未來可以從中得到什麼價值？除了解決單一問題外，這個工具還能帶來什麼額外的好處？這些問題可以幫助你更準確地看待問題，在實行短期解決方案時做出對的決定。

在適當的時候提報：如果其他辦法都不管用，向主管階級求助會有所幫助。這就是在年初協議目標和路線圖很重要的原因，這樣一來，你就可以再次確立優先順序，同時為了保障寶貴的時間提出依據。以下是向主管階級據理力爭的好方法（圖9．2）。

一、**情況**：簡單說明遇到的問題，以及了解情況必須知道的脈絡。

範例：合作的行銷團隊想推動一個追蹤電子郵件簽名檔點擊率的新工具。

二、**風險**：說明接受這個要求可能會對公司造成的損失。

範例：這個新的電子郵件簽名檔追蹤軟體需要每個月多付五百美元，並且需要耗費二十個小時的技術資源，變更電子郵件伺服器、和其他平台進行整合，以及訓練使用者。把這二十個小時分配給這個新專案，會耽誤潛在客戶發送改善專案的完成時間，而該專案預期可以只用一半的時間，將潛在客戶發送給銷售人員（這個例子有點極端，但我要強調的是如何量化風險）。

三、**替代方案**：提出一些臨時的解決方式，並同意時機恰當時再重新考慮這個要求。

範例：為了協助合作的行銷團隊追蹤電子郵件簽名檔的活動，我們可以使用目前的行銷平台創造一個追蹤連結，定期傳送報告給他們。此外，可以在下一季的科技審核重新考慮是否購買電子郵件簽名檔追蹤軟體。

額外的小訣竅：我會要求利害關係人為想推動的任何新功能或新平台，撰

圖 9.2　溝通提報

寫一份商業理由文件。通常這就足以遏止利害關係人做出不必要的請求，因為在撰寫這份文件時，他們必須充分思考這項要求的必要性，以及會帶來的挑戰。

關於治理的五個重要觀念

治理是一件棘手的事，你要制定科技組合的使用規則，並把這些規則加諸在利害關係人身上。這可能會引起高度爭議，尤其如果組織裡的使用者想要做事迅速，又有很大的目標要完成時。你要怎麼在組織裡進行治理，又不會成為每個人的阻礙？以下的五個觀念能幫助你。

決定北極星：「北極星」是指用來描述團隊使命的一、兩句話。決定你的北極星會非常有幫助，因為當你必須做出困難的抉擇時可以它為準。舉例來說，「我們行銷科技團隊的使命，是幫助利害關係人創造令人喜愛的行銷體驗，為客戶和我們的組織帶來商業價值。」這樣一來，可以拿你的目標和專案與北極星使命進行比較，看看兩者是否互相呼應，也可以確保你的團隊和其他跨部門團隊明白你這個團隊的目的與長期目標。當你想承接新專案、把行銷科技用在新的使用案例或支持不同的事項，永遠都要詢問：「這是否符合我們的北極星？」

使用格言清楚表述：格言是團隊一致同意的書面陳述，用來說明你們會如何處理具有爭議的主題。花費一點時間腦力激盪，想想你會需要做出哪些可能產生爭議的決定。不要忘了你的北極星，並記得讓領導階層認可你的格言。

以下是幾個格言的範例：

- 我們努力達成收益目標，但把客戶體驗看得最重要。
- 我們執行整合又可擴增的科技時，帶有明確的意圖和目的。
- 我們會定期做實驗，但以健全可靠為目標。
- 我們使用的科技與長期願景相符。
- 我們優先重視人才，其次則是流程與科技。

草擬你的格言，也請每位團隊成員貢獻。

博取強力使用者的信任：為了確保規定和政策獲得採納，你需要博取強力使用者的信任。強力使用者是非常頻繁使用行銷科技的利害關係人，通常勇於說出自己的意見並指出問題。有一個很有幫助的策略，就是每個月開會蒐集強力使用者對使用工具的回饋和遇到的痛點。開會時，趁機提出新政策，並說明背後的原因，這樣他們就能向其他使用者解釋並擁護這些治理規定。強力使用者也是試探新政策的好對象，他們可以在你正式推出政策前，先說出對政策的看法。

把訓練當作獲取權限的方法：有一個優雅管理權限和使用者存取權等治理的方式，就是把訓練當作獲取權限的方法，意思是使用者必須透過訓練，才能存取某些平台和功能。如果你有足夠的資源創造訓練素材，就可以要求使用者上內部的實體課程或提出訓練要求，甚至還可以使用考試評分的方式確認他們的程度。如果你沒辦法自己建立訓練素材，可以詢問行銷科技供應商，看看他們能提供什麼訓練資源，有些大型的服務供應商（如客戶關係管理和行銷自動化平台供應商），會提供自己的產業檢定。要求使用者獲得某個工具的檢定可能有點過分，但是你應該考慮使用考試資源來教導使用者，確定他們在使用工具前有所了解。

持續徵求回饋意見：在談到強力使用者時，曾短暫提過這一點，現在就來深入說明。很多行銷科技負責人會忘記，少了人（即使用者），擁有行銷科技就沒有意義，你永遠必須籠絡人心，並把人才、流程和科技放在一起思考。向強力使用者徵求回饋意見是很棒的開始，但你也需要定期和所有使用者索取回饋。你應該每季創造一份針對所有使用者的調查問卷，發送給公司內所有使用行銷科技的人，以便了解他們對行銷科技的感受和遇到的痛點。以下列出一些可詢問的問題：

- 你最常使用哪一個工具或平台？
- 你最需要得到哪一個工具或平台的訓練？
- 你覺得甲工具容易使用嗎？
- 你覺得甲工具可以有效協助你完成工作嗎？
- 在一到十分之間，你會針對甲工具給你的支援打幾分？

- 在一到十分之間，你會針對甲工具給你的訓練打幾分？
- 我們的科技組合帶給你最大的痛點是什麼？

你可以把這些問題當作基準點，再自行增加更多問題。從這份調查中得到的見解，肯定會讓你很驚訝，你的工作會因為和利害關係人達成配適而受益。

◆ 賦能工作團隊

賦能是指協助使用者使用行銷科技來達成目標，其中包括訓練、支援和處理專案要求。很多行銷科技經理都把賦能與文件紀錄畫上等號，但文件紀錄只是其中的一部分。

◆ 支援部門

公司規模越來越大後，你得支援數十位，甚至數百位依靠行銷科技組合做事的使用者。如前所述，文件紀錄不足以協助使用者，你必須直接和他們接洽才行。首先，你應該建立支援表單系統，來管理系統錯誤或訓練需求。最理想的做法是使用Jira或Workfront等工作流程管理平台，妥善收取和分配這些表單。如果你沒有工作流程管理平台，可考慮使用客服工具的表單功能或客戶關係管理系統的個案工具來管理這些需求。下下策是結合Google表單或類似的低成本收取工具及電子郵件，建置便宜行事的收取系統。重點是不要利用電子郵件或即時通訊等個人通路收取支援要求，否則很容易找不到。

下一步是建立擁有權表格或RACI表。擁有權表格會列出哪位團隊成員負責哪個系統，還有誰負責系統的各個部分，就可以把收到的表單分配給指派好的人選。RACI表會列出每個平台的負責人、當責者、諮詢者及知悉者，這對支援用途而言可能有點過頭，但是對較大型專案或許會有幫助。

最後，你要每天和行銷科技團隊召開站立會議，快速帶過收到的支援表單。站立會議是一種簡短的會議（通常十到二十分鐘），你要和所有團隊成員快速討論遇到的問題、困難及合作機會。支援表單的站立會議，要討論收到的支援表單和負責處理的人。我建議這場會議盡量在一天中較早的時間召開，這樣出席率才會最高。在站立會議期間，你要請一位團隊成員分享螢幕，一一叫出表單觀看。有時候你可能很想直接在會議中解決表單的問題，但盡量不要這麼做，除非極為嚴重，否則請把每個表單分配給一位團隊成員，要他們召開線下會議想出解決方案。你會發現，每天召開站立會議可以讓團隊的想法達成配適，也能保持良好溝通。

◆ 提報的管理

支援利害關係人時，你要想想兩種提報的類型：一種是提報給行銷科技供應商；另一種則是提報給比你高階的主管（你的主管、更上級的主管、部門副總等）。若要提報給行銷科技供應商，最好讓強力使用者可以直接取得供應商支援，否則你會變成中間人，負責傳送訊息。再者，科技平台一出現問題，便要盡快告知供應商的支援部門。雖然在較小的問題上，供應商可能會給你一些苦頭，但事實上他們的工作就是要察覺和調查問題，並幫助客戶。畢竟你是付錢的一方！接著你要想想如何在公司內部提報問題，很多問題最後會提報給行銷科技組合的擁有者，這個人可能是行銷科技團隊領導者，也可能是數位行銷部門主管或副總。然而，假使出現大規模的中斷情形，例如有一個重要平台完全不能使用，請不要害怕提報給行銷部門領導階層。領導階層職責範疇的關鍵部分出現風險，當然應該接獲通知，如果你決定更換供應商或聘請代理商協助處理問題，得到他們的支持也會很有幫助。

◆ 建立並管理卓越中心

賦能有一個重要部分，就是建立並管理卓越中心。卓越中心是指蒐集所有行銷活動範本、資產範本（像是電子郵件）、流程範本、實驗範本，以及可讓行銷組織再三反覆運用任何東西的地方。成立卓越中心的目的在於：第一，行銷人員有現成範本可用，因此可以提高效率；第二，藉由持續改善範本把最佳實務分享給整個組織。那麼，要如何建立卓越中心？第一步是發起一個活動或企劃，並確保這個活動或企劃包含各個層面，這通常稱為端到端流程。以電子郵件行銷活動為例，你需要有一份客戶清單、A／B 測試用的兩個版本、一個促銷優惠的登陸頁面，以及一份報告。接著，把以上各個部分最有成效的版本匯入卓越中心，讓其他人可以存取複製。使用行銷自動化平台完成這些非常容易，因為這個平台可以讓你複製活動範本。如果是非行銷自動化平台的部分，你就需要儲存在數位資產管理，或者像是 Dropbox 或 Sharepoint 這類檔案儲存工具。行銷需要進行的各種不同作業都用這個方式完成一遍，就可以建構出卓越中心。別忘了流程範本，例如你時常需要收取新功能或新專案的要求，就必須有一個收取範本可以重複使用，以確保獲得必要的需求，不必每次都重新構思流程。

接下來，你要推動卓越中心的使用。卓越中心只有實際使用才能實現卓越，你要訓練行銷人員，記錄流程，這樣每個人才知道不用從頭建立活動，而是需要運用卓越中心現有的範本。遇到不遵守規則的人，你要和對方碰面，詢問卓越中心是否缺少什麼。採取行動彌補不足之處，使用者會非常感激。最後，你要安排時間定期檢視卓越中心，一個月一次最理想，否則至少一季一次。每次檢視時，都要詢問：

一、每個範本表現得如何？
二、我們如何得知？
三、哪一個範本可以改進？
四、使用者都怎麼調整範本，以符合自己的需求？這些修改是否可以變成常態？
五、範本有做過什麼實驗？我們在實驗中學到的東西，哪些可以融入標準範本的一部分？

不斷檢視和改善卓越中心，你就能確保行銷活動與企劃的品質越來越好，而非日漸下降。

- 行銷成效回報和行銷系統性能回報都要測量。
- 要有效管理行銷科技，治理是很重要的一部分，不可省略。
- 專注在目標、資源和長期思考上，並在適當時提報，可避免行銷科技組合遭到惡意接管。
- 好好思考如何進行治理，為團隊寫下北極星和格言。
- 高成效的支援部門是行銷科技賦能的成敗關鍵。
- 確保行銷科技企劃變得越來越好的關鍵，就是建立並管理卓越中心。

第十章

讓行銷團隊接受Martech

◇◆◇

本章都在談論如何為行銷科技和整體的行銷科技策略拉攏人心。首先，定義「籠絡人心」到底是什麼意思。籠絡人心是指你要得到各位關鍵領導者、利害關係人、使用者，以及會使用行銷科技的所有相關團隊支持和認可。對於你為什麼要推行某個行銷科技工具或策略，他們能夠支持、配合與理解。這也意味著你會得到認同和財務支援，可以獲取推動並執行一個新的行銷科技策略，可能需要的資源、時間及其他任何東西。這些要素都有了，就表示你已成功籠絡人心。

舉一個簡單的例子，假設你需要行銷領導階層和財務團隊核准一筆預算，以添購或遷移到新的行銷自動化平台。在利害關係人的層次上，籠絡人心是指組織裡的行銷人員都知道你要購買新的行銷自動化平台，他們知道有這項轉變，也準備好做任何可以協助實現這項轉變的必要事項。記住，利害關係人不一定會認同這些轉變，或是至少一開始無法認同，但要確保和你合作的人中，沒有人公然反對你的做法。

籠絡相關團隊也很重要，以行銷自動化平台的這個例子來說，你除了拉攏行銷團隊外，還要拉攏銷售和銷售營運團隊，這些相關團隊都應該被告知並了解，在推動這項新行銷科技策略時扮演的角色。

◆為什麼需要籠絡人心？

行銷科技需要籠絡人心有三大主因。

資源需求：行銷科技專案需要金錢和技術方面的資源，例如假設你要遷移到新的行銷自動化平台，為了成功完成這個專案，你需要銷售營運支援和其他技術整合資源，才能把資料庫轉移到另一個平台，完成適當的設定。尋求外界協助也很常見，這需要經過行銷領導階層和財務部門核准。沒有資源，專案就會停滯不前。

人才需求：從利害關係人這方面來說，許多人都忘了行銷和商業基本上與人有關，實際操作不同工具（進行設定、發起行銷活動，以及安排與客戶互動）的是人。到頭來，投資報酬率是用這些工具帶來的，如果無法籠絡人心、大家都不支持這個工具，平台和應用程式就沒人使用，最後會變成閒置軟體。

籠絡人心如此重要的最後一個理由是，你應該了解利害關係人對這款行銷科技工具的想法、他們使用這款行銷科技工具有什麼感受，以及這款行銷科技工具的成效與表現是否和你或他們希望的一樣。如果你未能這麼做，就會缺少寶貴的回饋。

我在一家全球銷售公司推動LinkedIn Sales Navigator的經歷，正好可以闡述這些需求的重要性。LinkedIn Sales Navigator是線上平台，可以用更有效的方式幫助銷售人員在LinkedIn上建立關係，讓他們建立潛在客戶清單、獲取重要聯絡人和帳號的資訊，並使用電子郵件的形式發送訊息給潛在客戶，試圖創造互動與安排會面。

我知道如果未能成功拉攏銷售領導階層和銷售人員，就不會得到預算購買這個工具，於是我和銷售團隊進行初次電話聯繫，並安排幾次訓練課程，教他們怎麼使用這個平台，從中得到最大效益。試驗結束後，絕大多數的銷售人員真的都很喜歡這個平台，所以就進入購買流程。要是我沒有撥打第一通電話，就不會成功籠絡人心，即使真的買下工具，也可能會被閒置一旁。

◆獲得認可的幾個祕訣

一份在LinkedIn上進行的調查顯示，在五百六十三位行銷人員中，有三九％的投票者表示，拉攏資訊科技團隊最困難；而票數相當接近的三八％投票者則說，拉攏主管階級最困難（圖10．1）。

如何拉攏不同的團體？

首先，你要列出某個行銷科技工具可以達成的目標。例如，假設你要購買一個內容體驗工具，就要列出執行該工具期望實現的重要目標。你設定的目標應該是可以帶來收益或節省時間的活動，也可以稱為「獲得的生產力」。從財務的角度來看，不是要增加收益，就是節省開銷。

內容體驗工具的目標是要創造互動的內容瀏覽體驗，以便協助使用公司改善和客戶互動，帶來更多的潛在客戶。這類平台也會引導潛在客戶觀看其他相關的內容，幫助發掘更多這家公司的資訊，以及公司可提供的東西。如果消費者想要進一步對話，這些平台也提供簡單的方式讓客戶和銷售團隊接洽，可以促使更多機會產生有意義的潛在客戶資料、完成交易和帶動收益。然而，這類平台的次要目標則是節省行銷人員的時間。行銷人員可使用這

為一個新的行銷科技工具或策略籠絡人心時，
哪些人最難拉攏？

563 人投票

圖 10.1　LinkedIn 票選結果

些平台輕鬆儲存各種內容，包括部落格、電子書、白皮書、影片、播客和錄音檔，全都使用同一個平台，為行銷人員節省每週在不同地方張貼內容好幾個小時的時間。有了這個平台，便能省下將客戶導向可能覺得有價值內容需要花費的心力。

再舉一個例子，假設你執行一個A／B測試工具，這個應用程式的目標是增加行銷活動的轉換率，如果可能，根據產業資料或公司歷史表現資料，預測預期可以改善之處是很好的想法。比方說，你知道曾有同行實行這樣的測試工具，並成功增加一五％的轉換率，便可以合理期待你也會出現同樣的結果。轉換率增加不是指有更多潛在客戶進入漏斗，就是指有更高比例的潛在客戶被轉換成交易，無論哪種情況都能為公司帶來更多收益。使用工具進行測試還有一個次要目標，就是節省行銷人員的時間和金錢，讓他們可以進行更多實驗。另一個籠絡人心的方式，則是進行間隙分析。

間隙分析

進行間隙分析時，你要盤點科技組合裡所有不同的工具，並一一連結到設定的不同功能目標。比方說，如果你想要的功能包括需求產生、客戶互動與銷售賦能，就需要檢視科技組合，確保有工具達成每個目標（圖10．2）。

舉一個確切的例子，假設你打算舉辦網路研討會、產生潛在客戶、利用某種內容體驗與這些潛在客戶互動，然後讓銷售團隊對互動過的潛在客戶進行後續追蹤。在這個例子裡，你需要三種關鍵科技，分別是產生潛在客戶的網路研討會或線上會議軟體、和潛在客戶互動的內容體驗平台，以及讓銷售人員可輕鬆大規模追蹤所有潛在客戶的銷售自動化／節奏工具。現在你可以回答這個問題：你是否有支援整體行銷策略需要的各種科技？

潛在投資報酬率分析

還有一個籠絡人心（尤其是領導階層和財務團隊）的方式，就是進行「潛在投資報酬率分析」，展示實行新的行銷科技工具或策略可預期獲得的投資報酬率。

例如，假設銷售人員能把一〇％的潛在客戶轉換成機會，以及三〇％的機會轉換成交易。平均交易額為五萬美元，這表示每季每位銷售人員可以產出X美元。計劃實行新的銷售自動化工具時，你預期潛在客戶到機會的轉換率會提高到五〇％，機會、完成的交易和獲得的收益也會進而增加。於是你可以使用投資報酬率的計算公式，將預期

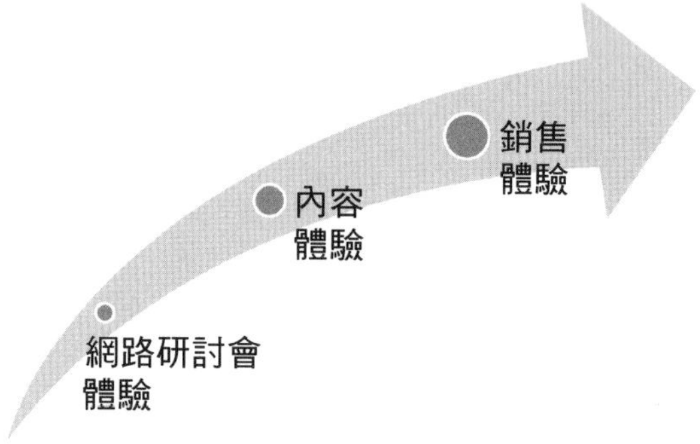

圖10.2　客戶接觸點間隙分析

產出的收益減去投資成本，再除以原始投資成本，算出工具的潛在投資報酬率。以上述的例子來說，如果工具每年花費三萬美元，預期的投資報酬就是Y％。

另一個呈現投資報酬率的方法，就是節省的成本和時間。例如，假設你想為行銷人員購買一個新的專案管理工具。行銷人員每個月可以執行十個活動，每個月花費約四十個小時創造這些活動。引進專案管理工具後，你預期時間可以減半。因此，這個專案管理工具可以在原本的四十個小時內提高一倍的生產力，或是每個月執行同樣的十個活動可省下二十個小時，等於減少需要支薪的時數。例如，假設行銷人員的時薪是一百二十美元，積極建立活動的行銷人員有五位，一個月平均即可節省一萬兩千美元，這是呈現潛在投資報酬率很棒的一個方式。

現在我必須警告並指出一件事，就是投資報酬率潛力有時不那麼清楚。例如，你可能同時運用多種工具和策略，要將投資報酬率歸因給任一工具或策略會很困難。還要記住一件事，就是投資報酬率潛力非常依賴預測，而預測可能會出錯或大幅偏離目標。

此外，別忘了你做的每件事都有機會成本。然而，思考要怎麼進行投資報酬率分析是很棒的思維或參考架構，利害關係人和領導階層會非常欣賞你，嘗試進行投資報酬率分析做出的努力與思考。

讓人們參與決策過程

想要籠絡人心以購買更多科技工具，下一件該做的事，就是讓人們參與決策和挑選工具的過程。確切的做法是，你應該召開會議、進行配適，甚至進行調查，試著了解利害關係人在銷售和行銷方面的痛點，還有他們希望改進的地方。如果你能說明一項工具可以如何幫助他們解決問題，要拉攏他們就會容易許多。

比方說，假設你的資料庫有許多潛在客戶資料缺少重要欄位資訊。和行銷人員談過後，你發現他們無法有效瞄準目標受眾，或是將行銷活動做到想要的個人化程度；和銷售團隊談過後，他們表示手上沒有與潛在客戶進行有效對話所需的情報。對某些人來說，這些問題好像很顯而易見，但是真的有很多行銷人員和銷售人員不知道資料可以帶來極大改善。

做好功課發掘這些痛點後，你可以提出解決方案。利害關係人會很開心地聽見，使用資料豐富化服務就能更新並補足缺少的資料，讓他們與客戶互動時更有成效。想要得到預算購買這項服務，並讓人們使用，可以透過這個很棒的方式獲得共識與支持。

讓利害關係人參與挑選工具和供應商

讓重要的利害關係人（特別是會使用到這項工具的人）一起挑選工具和供應商，會很有幫助。例如，假使你要購買一個新的行銷專案管理工具，可以邀請所有行銷人員檢視功能、查看比較表，並列出「必要」和「不錯」的功能清單。想得到最多洞見與降低最多風險，最佳方法就是進行試用或試驗。行銷人員可以試用軟體，看看能否滿足需求。未能獲得利害關係人的意見和支持就購買科技，是很糟的做法。很遺憾的是，我們常看到公司推出新的軟體應用程式，結果好幾個月後才發現沒人喜歡，也無人使用，極度浪費時間和金錢。

建立高成效關係

建立高成效關係是常被忽略的重要議題。

不只在組織外建立人脈很重要，在組織內也一樣，你必須辨識組織內部的重要領導者和有影響力的人，與他們建立強大的工作關係，這樣就會知道如何支援同事，並持續了解組織的運作（特別是大型企業）。

你要記住，關係建立是自然發生的。我們每天都會和他人共事與合作，並透過工作表現和成果建立名聲，這是獲取信任最好的方式。然而，我們絕對不能靜靜等待這些機會出現，要試著舉辦開放的工作坊和課程，請利害關係人聊聊在做什麼、他們的目標是什麼、他們有什麼痛點，還有你能怎麼運用行銷科技加以解決。建立這些高成效的工作和生產關係，將來必定會帶來好處。

獲得效率與生產力

現在來談談效率和生產力，行銷科技能大幅改善行銷人員的生產力。

購買可以幫助你節省時間的電子郵件和登陸頁面自助工具，就是很好的例子。有些應用程式能讓你自行設計登陸頁面，不需要開發者或設計者協助，讓那些資源可以專注在其他高價值的專案，若是外包的話，還可以完全省下這筆費用。你可以節省時間和金錢，減少每項產品所需的資源和依賴的事物，大幅提高生產力。

獲得市場占有率

另一個常被忽略的籠絡人心方法，就是超越競爭對手、獲得市場占有率，特別是想要建立受眾的話。投資社群媒體行銷工具、活動平台或其他類型的科技，真的可以塑造品牌，在目標受眾和整體潛在市場（Total Addressable Market, TAM）裡提高覺察程度。擁有強大的品牌極為寶貴，當潛在客戶試圖解決某個問題時，強大的品牌會是他們腦海中浮現的第一選項，這也可以說成被當作「考慮集合」（consideration set）的一部分。被納入重要性極高的對話中、被視為該領域的頂尖服務提供者、在你的利基或目標產業建立非常強大的品牌，是投資行銷科技的一大動力。雖然你可能無法精準量化收益潛力，但是領導階層和利害關係人很容易就能理解建立受眾這個概念。

長期成功

試圖為了行銷科技籠絡人心時，還有一件事可以思考，就是整體的長期成功。想要長久成功，你的行銷策略就必須藉由可重複和可擴增的行銷科技支援。如果團隊總是工作到最後一秒，為了得到成果付出所有一切，這並非長久之計，因為很快就會精疲力盡。行銷科技可以讓團隊事半功倍，隨著時間而不斷累積，讓公司擁有持續向上的動力。行銷科技可以幫助你的團隊獲得長期優勢。

獲得動力

讓我用親身經歷說明獲得動力的重要性，有一次我非常努力地籠絡人心，想和一家新的資料豐富化供應商合作。我花費很多時間教育並激勵利害關係人，希望他們支持這項新計畫。然而，我們後來進行一些法律合約的協商，也對資料和個人可識別資訊有安全上的疑慮。我遇到的主要挑戰是，沒有得到領導階層足夠的支持。我也應該事先想過一些可能發生的狀況，進而預防動力喪失。

等到合約協商完畢，幾個月過了，許多利害關係人早已忘記我們推行這項計畫，所以必須重新取得認可、籠絡人心和爭取預算。值得一提的是，你不僅得在一開始籠絡人心，還得在整個過程中持續鞏固。

◆如何讓人願意使用行銷科技？

一份在LinkedIn上進行的調查顯示，在六百八十五位行銷人員中，有四四%的投票者表示，取消行銷科技平台合約的最主要原因是缺乏採用。這顯示在考慮行銷科技時，採用有多麼重要（圖10．3）。

現在進入採用這個主題，也就是確保人們積極運用行銷科技平台。首先，你要很清楚對這個工具有什麼目的和願景。例如，利害關係人、行銷及銷售人員必須明白為什麼要使用這個工具，是為了產出更多潛在客戶？為了以更好的方式和客戶互動？為了轉換更多客戶？為了培養客戶？還是為了改善回報，做出更好的決策？

說明購買行銷科技的目標時，應該突顯行銷科技能帶來的商業成果和好處。如果一件事可以產生正面商業結果，大部分商務人士都會理解和支持這件事，因為這可以為每個人帶來正面結果，包括僱用更多人、升遷及整體商業成功。你應該使用某種可分享的格式（如Word檔），記錄這個新行銷科技工具的目的，並與利害關係人分享。

舉例來說，假設你要執行一項新的行銷歸因工具，該歸因工具的目的是了解每個行銷活動會如何影響商業結果。你想知道哪些行銷活動最能帶來收益、哪些可以

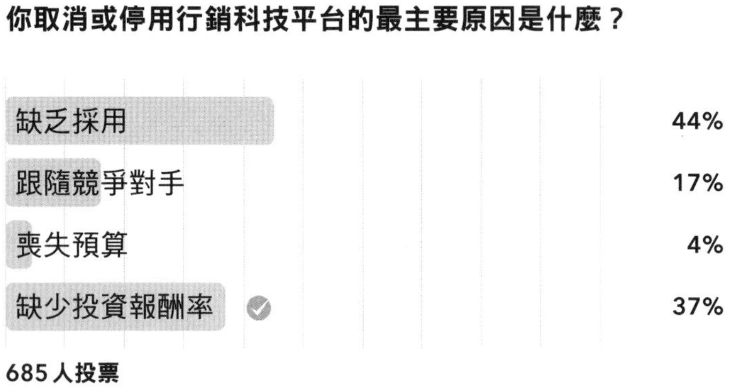

圖10.3　LinkedIn票選結果

改進，最終目標是要向表現好的活動學習，並改善或撤銷表現差的活動，以便改善商業成果。你必須確定每個人都知道並理解這件事，在進行和這個工具有關的對話時，都應該帶到你的原始目的和願景。

為行銷科技撰寫商業案例

以下是為行銷科技撰寫商業案例的簡單方法。建立一個文件，分成下述幾個部分：目的、背景、困難、建議和常見問題。

目的：清楚寫下這份文件的目的和你的要求。你可以這樣寫：「本文件的目的是要說明資料品質的問題，並提出資料解決方案處理。」

背景：給予讀者針對這個問題需要知道的一切背景資訊，你要想想這份文件的讀者是誰，以便判斷背景要寫什麼。例如，假使這份文件要給行銷從業人員閱讀，可以不用敘述太多，只專注在細節上；如果文件是要給主管看的，最好從頭開始講起。

困難：這個部分講的是目前遇到的問題，和可能產生的後果。簡單扼要地說明問題是什麼、為什麼會發生，以及問題會帶來的商業影響。例如，假使你遇到的問題是資料品質很差，就表達銷售和行銷人員無法使用這些資料與客戶互動，還有分享給公司內部的報告也不準確，可能大幅扭曲決策。

建議：你要在這個部分提出解決方案，包括建議使用的行銷科技工具。寫下解決方案是什麼，究竟能怎麼解決問題。如果可以說明你曾考慮其他選項，但最後為何選擇這個工具，也是不錯的做法。你也應該解釋接下來要進行哪些步驟，還有讀者需要採取哪些行動。

常見問題：常見問題會涵蓋讀者想要知道、但是放在前面幾個部分又會造成混亂的資訊。記住，你不該馬上就把技術性細節丟給讀者，但也不該隱藏或遺漏任何事物，所以這個部分十分重要。

訓練與賦能

訓練是行銷科技策略很重要的一部分，卻常被忽略。訓練很重要，因為如果你的團隊不知道怎麼使用某個行銷應用程式，很可能就不會用。訓練的形式應該很多元，你應該提供現場真人訓練、線上訓練、檢查清單、網路研討會錄影等。我訓練別人使用行銷科技時偏好的方法，是建立正式的訓練文件，同時搭配上述提到的每種形式。你必須明白，每個人的學習方式都不同，團隊中有些人透過實際操作的學習方式會學得比較好，有些人則是透過閱讀或觀看示範影片，才最能內化教材。你要製作清楚簡明的訓練教材，並附上參考資料，讓他們能自行深入學習。

我的親身實例是舉辦訓練計畫，教導數百位行銷人員運用行銷自動化平台。我舉行實地的訓練課程，讓人們可以親自參與、觀看示範和詢問問題；也建立訓練影片庫，讓人們可以在世界上任何地方隨時取用；我和團隊還製作手冊，使用視覺化清單教行銷人員如何使用行銷自動化，其中包含步驟指令和螢幕截圖。

此外，我也會每個月舉行網路研討會，分享進階主題，讓人們可以參與學習，討論其他想學的東西。有了這些各式各樣的訓練模組和媒介，人們就有很大的機會了解如何使用工具，感覺自己能藉此完成工作。

變革管理

變革管理非常重要，因為只要推動一個新事物，就一定會改變流程或人們做事的方式。例如，推動新的銷售自動化工具，就表示銷售人員必須從使用個人的工作電子郵件帳號改成使用不同的平台，功能也會完全不同，就連過渡到公司內部的不同產品和平台，也需要變革管理。抗拒變革是非常人性的一面，通常源於害怕未知或不願承擔額外的工作，在工作領域，人們對自己的習慣總是感到非常安全舒適。

以下提供幾個訣竅，確保你用對的方式推動變革。第一，你要傳達願景。稍早提過這點，人們必須明白執行新的行銷科技工具，或以新的方式使用行銷科技背後的理由，以及可改善的商業成果。下一個重點則是，你要清楚說明會發生什麼事。例如推動新的行銷科技平台時，你要確保人們知道改變正在發生、什麼時候可以參加訓練、他們要如何跨出第一步等。此外，若能提及成果會如何進行測量也是好主意。

在管理任何類型的變革時，要記住如果你沒有過度溝通，就很有可能溝通不足。你不僅應該公布一項變革或新的行銷科技工具，還應該盡可能在各種不同的管道發送數次提醒。你應該透過 Slack 或即時通訊進行提醒、寄送電子報、舉辦公開論壇、在公司公布欄發布消息等。

遇到大規模的變革管理計畫時，我的方法如下：我會做的第一件事，是在做出任何正式決定前召開一場工作會議，讓重要的利害關係人了解做出這項變革的意圖。如此一來，人們會事先得知變革的目的，也參與決策的過程，他們有機會指出這個新的應用程式或流程，可能存在的缺點及未解決的需求。這些事前會議很棒的地方是，我通常可以從中明瞭一些單獨作業不會知道的事。事前會議結束後，我會根據任何重大變革修改計畫，接著公布正式計畫。最後，我會充分轉達計畫資訊：寄送電子郵件、在即時通訊群組中傳送通知，並且在行銷會議上宣布計畫，確保訊息傳達到位。

初次公告後，我還會後續追蹤重要利害關係人，感謝對方參與，並告知會議結果。接著會建立時間表，讓所有的利害關係人知道變革何時會發生，在變革發生前幾週需要做什麼，會留給他們充裕的時間為變革做準備。我會發送好幾次提醒，也會點名關鍵人士，確保他們都沒問題。發起變革後，我會以技術的角色進行監控，看看大家是否遵守變革，並且協助需要幫助的人，實際完成變革。接著在幾週後，我會回報目前的狀態，以及變革是否成功。這樣好像要發送很多訊息、付出很多心力，但是請相信我，管理變革的方式會是成敗與否的關鍵，尤其是在企業組織之中。

◆如何測量行銷人員的接受程度？

這裡有三個重要的方法：採用、投資報酬率，以及利害關係人感受。首先是採用，我喜歡使用綠色、黃色和紅色進行測量。綠色表示幾乎獲得所有人的採用，例如我們推行一項新的測試工具，有九成的行銷人員都會固定使用這個測試工具，就會把它歸類為綠色；黃色表示普通採用，還有進步的空間。

在此舉一個採用應該被標示為黃色的例子，假如有五〇%的行銷人員定期會使用這項測試工具，就表示還有進步的空間。

紅色表示採用低，以測試工具這個例子來說，如果只有非常少數或少少幾個行銷人員使用這項測試工具，我就會把它標成紅色。絕大多數的行銷人員可能因為不知道有這項工具、不知道這項工具是做什麼的，或無法看出這項工具的價值所在，因此沒有使用。

使用不同的顏色分類測量採用，再為每種顏色制定計畫，可大幅減少未能充分使用的情況。如果因為某些原因，這麼做還是不成功，可能就要探究更深層的原因。

你應該迫使自己試圖測量每項工具的投資報酬率，如果工具帶來收益，測量會比較容易，因為可使用產生的潛在客戶、轉換的機會或產生的收益增加多少等方式來描述投資報酬。有時候你可能需要用效率和生產力，測量行銷科技的投資報酬率，也就是說明你因為這項工具節省幾個小時或多完成幾個專案。最後，你也一定要測量利害關係人感受，這是指利害關係人（工具的使用者）對這個應用程式有什麼回饋，他們喜歡這個應用程式嗎？他們覺得它能滿足需求嗎？他們是否從中獲得報酬？一到五分會給幾分？你可以使用利害關係人調查表（使用 Google 表單或是 SurveyMonkey 這類免費或低成本的工具），調查所有的利害關係人，了解工具對他們是否有幫助。

以下是幾個範例問題：

- 以一到五分進行評分，你會給這個應用程式打幾分？
- 你多常使用這個工具？
- 以一到五分進行評分，你會給這個應用程式的成效打幾分？
- 以一到五分進行評分，你會給自己對這個工具的了解和熟悉程度打幾分？
- 以一到五分進行評分，你覺得我們是否從這個工具獲得投資報酬率？

最後，你一定要有一個開放式問題，看看能否從調查者身上得到額外的看法。

設定期望

在組織裡推動行銷科技策略時，設定錯誤期望是非常糟糕的做法。想像一下，利害關係人很興奮，真心相信新的平台可以解決所有的工作問題，如果他們發現事實並非如此，就會演變成相當不自在的一場對話。你千萬不能過度承諾或兌現不足。利害關係人必須明白，任何預測的結果都是根據歷史資料做出的聰明預測。你必須解釋，這會是一段學習的歷程。我們永遠都要記住，計畫擬訂得再好有時也會失敗，設定適當期望可以幫助你贏得長久的信任感。

- 籠絡人心是行銷科技的關鍵，因為使用行銷科技的是人。
- 你可以使用投資報酬率分析和預測，贏得利害關係人對行銷科技的支持。
- 籠絡人心的關鍵在於配適和內部溝通。
- 你可以透過採用與使用者感受，測量籠絡人心的效果。

第十一章 持續進化與展望未來

在談到行銷科技的持續改善時，說的是持續測量、評估及最佳化行銷科技組合，看看能否幫你達成行銷目標。任何一家好公司都知道，持續設定新的目標獲得更多銷售、更多收益和更多客戶永遠都很重要。你會不斷改變目標，因此應該不斷改變行銷策略。這件事很重要的另一個原因，就是在科技持續進展、市場保持動態的情況下，團隊必須非常敏捷。

◆為什麼持續改善很重要？

我一直很相信一句話：生意不是越來越好，就是越來越差。這表示，商業高原期（business plateau）這種東西並不存在。你的科技組合、行銷科技策略，以及為了支援行銷科技設置的所有系統和流程也都是如此。你的行銷科技表現不是越來越好，就是越來越差。要怎麼知道是不是越來越差？答案是，你的系統慢了、你的資料舊了。簡單來說，就是你開始偏離邁向商業目標的道路。

談到如何能持續改善，有一個關鍵要思考，就是長期的商業影響。當你花時間持續檢視行銷科技，並且不斷詢問自己這個問題：「我們是否做到應有的表現？」這就會帶來一個效果，讓你的整個科技組合、行銷和商業整體隨著時間持續變好。

有一個超出行銷科技範圍的重點值得好好思索，就是創造持續改善、持續學習的文化，抱持著永遠都要有所改善的欲望。

例如，微軟執行長薩蒂亞．納德拉（Satya Nadella）近幾年把微軟的座右銘，從「知道一切的文化」改成「學習一切的文化」[20]，這個簡單的改變反映不斷成長的心態。同樣地，亞馬遜的領導原則之一是「學習精進，保持好奇」。領導者必須明白一點，就是他們永遠無法知道一切。我們應該做的是，對事物的運作及為客戶帶來改善的方式充滿好奇心。

你要不斷思考如何改善行銷與科技，造就最好的客戶體驗。

◆怎麼確定行銷科技策略正持續改善？

最近一份在LinkedIn上進行的調查顯示，在四百零三位行銷人員中，有四四％的投票者表示，他們持續確保行銷科技組合在改善的方式是「與同儕和同業交談」，第二多人投票的答案則是進行自行研究和自我檢驗（三二%）（圖11.1）。

這些雖然都是行銷科技長期成長策略中很重要的元素，但我們應該從多個面向檢視。

先來看看讓行銷科技持續改善的實際做法。首先，每年都要為科技組合未來的模樣創造三年願景和三年路線圖，有些人甚至會把眼光拉得更遠，像是五年或十年。重點就是要思考很遠的未來，同時為整體行銷策略做出大膽的想像。這樣一來，你永遠不會忍不住誘惑，偏離行銷科技目標，因為永遠有計畫可參照，不斷地進步。

你可以詢問幾個問題：

一、我們期望從行銷科技組合和策略得到什麼投資報酬率？

二、三年後，我們會擁有哪些工具和平台？

三、三年後，我們的行銷人員和銷售人員會如何

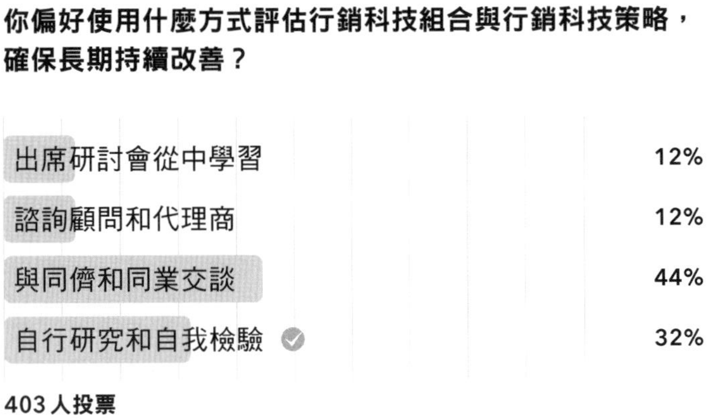

出席研討會從中學習	12%
諮詢顧問和代理商	12%
與同儕和同業交談	44%
自行研究和自我檢驗 ✓	32%

403人投票

圖11.1　LinkedIn票選結果

與工具和資料互動？

四、我們要如何創造科技組合，在三年後支援客戶？

五、我們要如何確保資料（和客戶資料）在三年後依然安全？

每一年，你都要清楚描繪對未來的願景。

下一個重點是，持續評估看看自己是否達到預期的表現。這和一般的行銷與商業很類似，你要檢視某段時期、設定目標，並不斷詢問自己是否達成那些目標。舉例來說，假如你每季應該達成某個數字的潛在客戶或收益，卻差了一〇%到二〇%，就是沒有達成目標。這帶給你思索行銷策略的機會，詢問自己是否有辦法可以調整科技工具運作的方式。或許有新的工具或策略能幫你達成目標？例如，假設你無法轉換夠多網站上的潛在客戶，是因為銷售人員和行銷活動數量有限，即可考慮執行一項對話式行銷工具，如聊天機器人，負責回答常見問題、邀請網站訪客遞交資訊、與銷售人員談談，或安排時間請銷售人員示範產品。這種思考方式讓你可以持續思索，為了實現目標需要哪些工具和科技。

◆運用策略和產品架構

想要確定自己的行銷科技策略長期一直有所進步，可以使用架構協助改善商業策略和客戶體驗。前面已經談過，把整個科技組合當成產品一樣看待，可以讓行銷科技的運作變得更好。以下列出幾個企業和產品龍頭都會使用、已經針對行銷科技調整的架構。

Spotify：構想、創造、運輸、微調

第一個是從Spotify的產品架構改編而來，原本是為了產品經理研發[21]，這個架構是構想、創造、運輸、微調。

構想：在這個階段，你要找出想使用行銷科技解決的問題，透過研究和腦力激盪的方式想出解決辦法。你可以進行網路搜尋或跟同業碰面，以解析問題。確立幾個可行的解決方案後，使用前幾章描述的優先順序架構，判定值得測試的解決方案。

創造：以行銷科技來說，是指進行試驗計畫，測試你要推出的功能或工具是否能有效解決問題。例如，假使你認為直接郵件平台可以改善機會轉換率，就要在這個階段進行有限度的試驗，要清楚訂定試驗計畫的成功參數，設定成功率必須達到多少，才能接著簽訂合約。

運輸：測試幾個解決方案後，你要準備並執行推動計畫，確保工具獲得採用與成功。記住，使用者必須知道你推動這個工具的原因、使用這個工具的方式，以及他們接下來應該採取哪些行動。打造並遵循採用計畫，可以讓你走在最容易成功的路上。

微調：定期檢視新產品或新功能的預期產出和使用者回饋。

亞馬遜：新聞稿常見問答

柯林．布萊爾（Colin Bryar）和比爾．卡爾（Bill Carr）在《亞馬遜逆向工作法》（*Working Backwards*）這本書中[22]，描寫亞馬遜常用的「新聞稿常見問答」（Press Release Frequently Asked Questions, PRFAQ）架構，企業和產品龍頭可以把這個架構用於新企劃發表前夕。你要做的是，為未來的一項新企劃撰寫新聞稿讓客戶閱讀。這麼做有什麼好處？你可以超前部署，想想客戶真正在意的事物，以及你希望企劃能為他們帶來什麼影響。這不一定是指外部客戶。畢竟，新聞稿常見問答只是一個練習，你也可以應用在內部利害關係人身上。重點是，你要真正探究專案和企劃背後的原因，而不是因為有這個專案或企劃就做這件事。許多團隊執行某些工具或功能，純粹只因為他們可以這麼做，而不是因為這麼做可以產出商業成果。新聞稿常見問答的常見問答部分可以釐清實際發生的狀況，帶領讀者了解你的概念。這也迫使你在思考專案時，將自己放在客戶的立場，詢問自己組織以外的人真正會怎麼想，列出這些問答時，可能也會揭示你沒想過的一些盲點。

實際演練：Sendoso

標題：ABC公司選擇使用Sendoso改善客戶互動和保留

二〇二二年一月一日，紐約州紐約市

國際服務公司ABC宣布和直接郵件平台Sendoso合作，以改善和客戶互動，提高保留率。在此之前，ABC使用幾個方法，在虛擬會議與研討會外的地方和客戶互動。使用直接郵件平台Sendoso，ABC就能透過實體郵件寄送個人化的禮物給大大小小的客戶，這些禮物可能是T恤、毛衣、咖啡杯等Sendoso的品牌贈品，也可能是客戶最喜歡零售商的禮物卡。XYZ公司財務服務副總裁約翰·史密斯（John Smith）表示：「ABC公司對客戶表達謝意的方式令我印象深刻！在季度營運會議後，我和團隊成員都收到最喜歡餐廳的個人化禮物卡，我們絕對不會忘記ABC公司對客戶的關愛！」

推行Sendoso的直接郵件互動平台三個月後，ABC公司的客戶滿意度提高三〇%，並預期可以透過續約，節省超過一百萬美元的收益。這三個月的試驗期非常成功，因此北美和歐洲各地將正式投資這個平台，世界上其他地區很快也會跟進。

常見問答

我們為什麼要推動Sendoso？

我們推動Sendoso的直接郵件平台，是為了改善客戶互動方式和保留率，並表達對客戶的謝意。其他互動方式雖然也能帶來一些成果，但直接郵件是直接來到客戶面前，創造難忘體驗的絕佳有形方式。

我們要用它做什麼？

Sendoso的直接郵件平台可以讓我們根據某個觸發事件，自動寄送個人化禮物給消費者。例如，在季度業務審核等大型會議召開後，我們可以寄送個人化禮物卡給客戶團隊中所有出席的成員。此外，我們也可以在續約日期前寄送感謝禮物（如Sendoso品牌贈品），在這關鍵時期讓客戶想到我們。個人化禮物會根據每位客戶的興趣（由客戶經理記錄），或所在城市當地人最喜歡的東西進行量身打造。

我們會如何寄送個人化禮物？

Sendoso可以和我們的客戶關係管理平台Salesforce.com直接整合，根據我們設定的事件觸發直接郵件禮物。例如，我們在Salesforce記錄一場會議後，可以讓Sendoso在下一週自動寄出禮物。Sendoso的整合是即時的，可以經由人工同意觸發，也可以不用。

我們要怎麼知道它有沒有成效？

我們會使用每個月的客戶調查、客戶接觸點數量、客戶的正面回饋，以及續約率，測量Sendoso的成效。

上述的新聞稿常見問答示範作者如何思考推動這個直接郵件平台會帶來的商業影響，也仔細考慮團隊可能會有的疑問。

◆ 投資行銷營運團隊

持續改善的另一個方式，就是要投資行銷營運團隊，發展它在組織結構的地位。行銷營運團隊負責操作公司的科技組合，專注於可協助執行卓越行銷的工具、流程和參數。

投資優秀的行銷營運領導者和團隊，即可確保你有人才能幫助有效地運作行銷科技組合，並且持續找到成長機會。建立行銷科技的行銷營運團隊時，有幾件事要注意。

第一，團隊成員必須在商業手腕和技術專業之間達到很好的平衡。他們不一定要是軟體開發者，但是應該了解行銷的技術層面，擅長熟悉行銷自動化、資料庫回報、分析，以及數位和B2B行銷的大部分領域。

第二，你要確保有人可以涵蓋行銷營運的各個領域。我最喜歡的分工方式之一，就是替以下這幾個領域找到專責的行銷營運人才：行銷工程，負責為行銷創造內部產品與流程；回報與分析，負責定期完成行銷報告和洞察；系統管理，負責管理和治理科技組合的各個平台；訓練與賦能，負責在利害關係人採用和使用行銷科技時給予支援。

這些不同的核心領域應該有各自的專家，把它們當成獨立的生意營運，持續改善行銷科技的整體應用。

行銷營運部門的興起

行銷營運是行銷領域成長最快速的部門之一，常常可以看到很多公司在尋找優秀的行銷營運人才時出現困難，這原本是行銷團隊裡最後才被聘請的職位，現在正快速成為行銷領導者僱用人才中最重要的職務之一。這個職位近年來如此受到重視且飛快成長，有幾個原因：

- 時常接觸資料。
- 接觸公司的多個領域。
- 強調執行。

時常接觸資料：由於行銷越來越依靠資料，經常需要用到資料的行銷人員自然會發展出能真正帶來影響力的技能。此外，組織需要能看得懂資料、從雜亂資訊中找到洞見的行銷人員。行銷營運專家一天到晚都在使用資料，確保資訊從數位客戶接觸點轉移到資料視覺化工具。行銷營運團隊通常也要負責製作並傳遞關鍵商業報告和儀表板，讓主管階級加以運用，做出重大的商業決策。

接觸公司的多個領域：公司對行銷營運專家的需求量越來越大，也是因為他們很擅長和許多不同的團隊進行跨部門合作。行銷營運專家在一天之中通常要和銷售、產品、行銷、財務、客戶成功等團隊合作，才能完成專案。對科技的強調會讓許多團隊湊在一起，因此公司需要擅長在越來越需要分工的環境裡作業的人才。

強調執行：行銷營運團隊的成長也與他們極為強調執行有關，行銷營運專家的責任就是要把策略轉變為現實。要做到這一點，他們得根據行銷計畫創造資產、管理資料、鎖定受眾、發起活動及回報成果。許多行銷人員會把所有的時間花在思考策略，但是行銷營運專家則喜歡嘗試新的戰術、從客戶那裡得到真實的回饋、快速進行軸轉，以獲得最佳結果。

◆檢驗行銷科技組合

想要持續改進行銷科技策略的下一個方法，就是進行自我檢驗，而進行自我檢驗的好方法，便是針對目前的科技組合進行間隙分析。你也可以向利害關係人尋求回饋，每個月舉行工作坊，找出人們的痛點和解決他們需求的辦法。利害關係人要包含上級主管和團隊領導者，他們才明白可改進的領域，並且科技能否做出這些改進。假如這些領域有任何問題，可能就需要改變策略。

另一個密切相關的主題是與代理商或顧問合作，由第三方進行檢驗。進行第三方檢驗（或稱為代理商檢驗）的好處是，你可以借用他人不一樣的客觀視角和經驗，檢視行銷科技組合。代理商很可能曾和不同產業與規模的許多公司合作，因此能為你的科技組合帶來淵博的專業知識，推薦重要整合、你應該使用的重要工具，以及如何設定工具和平台，才能充分發揮行銷科技策略的方法。

同樣地，為了持續改善，你應該在有辦法時就進行小型實驗和試驗。這與保持敏捷和實踐敏捷行銷的原則有關：短期衝刺、持續接受回饋。持續進行小型實驗很重要，因為實驗可以讓你測試可能不知道很好用的新事物，並且很快速得到回饋。

要養成實驗文化有一個方法，就是定期安排A／B測試。你應該在網站、電子郵件管道和社群媒體管道進行這些實驗，找出哪一種成效最好、哪一種得到最多客戶回應。你也可以進行其他實驗，例如使用其他平台在不同管道上廣告。測試新平台時，可以試著指派一群擅長科技的強力使用者或行銷人員，看看他們得到什麼結果。

比方說，我和團隊找到一群經驗豐富的電子郵件行銷人員，認為他們是試驗電子郵件商品銷售的好人選，這個行銷領域需要精心創造動態、即時的電子郵件，對一般的行銷人員而言可能太過專業。我們想看看電子郵件商品銷售能否改善客戶體驗，自從試驗後，也確實看到很棒的互動率。這給予我們很穩固良好的基礎，可以在電子郵件商品銷售領域做更多嘗試。

關於小型試驗和實驗，我想提及一件事，就是如何正確進行實驗很重要。進行商業實驗時，必須像做科學實驗一樣。首先，你要把受眾分為測試組與對照組，測試組會接觸行銷企劃，對照組則和原本一樣，沒有接觸行銷企劃。

此外，兩組的組成必須同質。隨機取樣可確保同質性，但是為了以防萬一，你還是要人工檢查。你也應該檢查實驗的統計顯著性，確定樣本數夠大，可以使用網路上一些簡易的統計顯著性計算器，看看對實驗結果有多少信心。

永遠要確定自己做實驗的方法是正確的，否則實驗結果可能會有瑕疵。

◆產業學習和研究

關於持續改善這個主題，接下來想強調的是持續了解產業和科技現況，也要持續改善你的技能。

參加行銷科技和行銷研討會是很棒的方式，而且今天可以參加的研討會非常多元。研討會讓你有機會與思想領袖和各個群體學習，還能見到不同的供應商，也會有很棒的機會可以與志趣相投的專家認識、交流。

另一個持續學習的好方法，就是閱讀或購買分析報告。顧能（Gartner）和Forrester這類公司，或甚至是Martech.org和Chief Martech等行銷科技方面的組織，都能提供很多產業資訊。它們常常進行調查和其他形式的產業研究，以便了解行銷科技的成長狀況，還有行銷科技對整體商業生態產生的影響。分析報告可以提供很棒的想法，讓你知道組織該把目標放在哪裡，以及在某些地方是否不足。

我個人最喜歡的精進方式，就是和同業聊聊，還有加入行銷科技專業人士的社群。我在職涯中學到，解決行銷科技問題的最佳方式之一，就是聯繫已經在解決那個問題的專家。目前有很多科技供應商都支援不同的團體，包含不同的使用者團體。你可以參加活動、認識新的主題、和同業見面。在處理行銷科技方面的問題時，探探他人口風、與同業腦力激盪，或甚至聯繫前輩，都是很棒的方法，這些人有時可以提出跳脫架構的想法幫助你。

如果可能，你應該加入社群，這些社群可以是實體的，也可以是線上的，如論壇、社群媒體人脈建立社團，以及Slack社群。

我非常喜歡的另一種方式，就是上正式課程、看書（像你手上的這本！）或聆聽行銷科技的播客節目。世界上有很多不同的資源，可以讓你學習行銷科技的不同領域和改善技能的方式。

◆學習專案管理和計畫管理

你可能會很驚訝，但是持續學習和培養你在專案管理與計畫管理方面的技能，可以直接改進你的行銷科技作業。這是因為執行和推動行銷其實是由不同的專案組成，這個工作的本質是以專案為基礎。但更重要的是，當你把工作當成專案管理，就不會忘記目標和結果、可以正確評估資源和預算，並找出瓶頸。用這種方式看待工作，你就可以想出更好的方法，讓行銷科技幫忙達成目標。想要改善你的專案和計畫管理技能，應該思考以下幾點。

學習專案管理師證照（Project Management Professional, PMP）考試教材：這不表示你必須通過考試、取得證照，但非常建議你讀一讀考試用書、看一看線上課程的內容，這樣對於如何管理專案、應該注意什麼，都會有相當扎實的基礎。能夠協助行銷科技工作的關鍵之一，就是為每件事需要花費的時間建立預估時程表，特別是轉換平台、執行產品和進行試驗時。你可能會想列出待辦清單，完成第一件事後再完成下一件事就好，但是請別這麼做，事前規劃極具價值，事先想好時程表（即使只是大概猜測），可以讓你進行資源管理，因為這會創造截止日，幫助你留意潛在問題。

學習敏捷專案管理和敏捷行銷：敏捷專案管理是一種專案管理的方法，可以促進作業快速交件，還有終端使用者與客戶的快速回饋。這和有時稱為「瀑布模型」的傳統專案管理方式不一樣：瀑布模型會事先計劃好一切細節，接著一絲不苟地安排所有工作，但是如果計畫發生任何更動或變化，就可能造成問題。我建議你閱讀吉姆・埃維爾（Jim Ewel）的《敏捷行銷的六大原則》（*The Six Disciplines of Agile Marketing*），或羅蘭・斯馬特（Roland Smart）的《敏捷的行銷專家》（*The Agile Marketer*）[23]，了解行銷人員實行敏捷專案管理的基礎概念。有一個應該從敏捷最佳實務學習的重要觀念就是站立會議，也就是每天召開的一種簡短會議，目的是要協調團隊裡的每個人。召開站立會議最好的方式，就是讓每位成員說說那天的目標，以及有沒有任何事情會阻止他達成目標，如此一來，其他團隊成員即可提供協助或解決問題的可能方法。你也可以利用這場會議，快速帶過前一天出現的問題，以及解決這些問題的下一個執行項目。請注意，除非可以在兩分鐘內解決，否則不要試圖在會議中解決問題。記住，會議的目的是協調與合作，而不是解決某些問題。

◆行銷科技的未來

在未來的行銷科技領域，你應該留意以下這幾件事：

行銷科技人才和遠距工作

新冠肺炎創造遠距工作的新文化，有經驗的行銷科技人員能得到的版圖越來越少。絕對不能忘記，有成效的行銷科技策略永遠需要靠人才和時間實現。大型公司應投入大量心力打造行銷科技團隊，事先籌劃足夠的人員，以便管理行銷科技的工具與行銷流程；資源較少的小型公司應盡早開始教育員工，讓他們了解行銷科技的價值，同時替員工報名課程，提高數位行銷和行銷科技技能。

行銷科技併購

另一個需要留意的趨勢，就是行銷科技產業持續出現併購的現象。由於大型行銷科技服務供應商擁有驚人的財務資源，很常併購相似或互補的平台。要針對這種狀況提前做準備雖然很難，但你應該確保把行銷科技組合當作一門生意有效管理。首先，你要降低每個行銷科技平台的風險，如果很需要靠某個工具帶來重要的商業成果，就要確保具備這個工具無法使用時的備案。記得，你永遠都要思考未來三到五年的商業需求和整體經濟狀況，也應該想想你是從哪裡獲取資料，假如你的銷售和行銷流程極度仰賴資料供應商，最好有備用的供應商，或是想想當資料供應商無法再提供需要資料時要怎麼辦。

歷史悠久的行銷科技平台將聚焦在商業影響和客戶體驗

現在雖然有那麼多行銷科技工具和平台可供選擇，但會勝出的必定是聚焦在商業影響和客戶體驗的供應商。雖然市面上有很多工具，往後依然會有更多工具被創造出來，協助完成小型商業任務，但最終能為品牌和供應商創造價值的，一定是聚焦在商業影響和客戶體驗的部分。因此評估工具和比較供應商，或者使用表格找出需要的工具時，都要記住這一點。

◆改善客戶體驗

最後，想持續改善行銷科技策略，又能持續改善整體商業表現的關鍵之一，就是不斷思考如何改善客戶體驗。想想終端客戶，他們對你的公司有多了解？他們在你的網站上閱讀內容看得如何？他們找你解決問題解決得如何？

即使已經把潛在客戶轉換成客戶，也要持續詢問這些問題：他們使用你的產品和服務用得如何？他們如何持續從你的公司得到越來越多的投資報酬率？他們是否得到很棒的體驗，並分享給別人知道？用這種方式檢視你的生意，就會知道如何以技術和非技術的方式支援他們，創造良好的客戶體驗。我們可以使用科技做到這些事。

記住，行銷科技的目的永遠都是要改善客戶體驗。

- 你應該花費心力持續改善行銷科技，因為這個產業一直在改變。
- 你可以運用策略和產品管理架構，改善行銷科技。
- 定期檢驗行銷科技組合和研究行銷科技趨勢，可以讓你做好變化的準備。
- 行銷科技的未來，將高度依賴遠距工作、供應商的併購和客戶的期待。

注釋

1. Kitani, K. (2019) The $900 billion reason GE, Ford and P&G failed at digital transformation, *CNBC Evolve* [Online] www.cnbc.com/2019/10/30/heres-why-ge-fords-digital-transformation-programs-failed-last-year.html#:~:text=GE%2C%20Ford%20and%20other%20major,and%20outlook%20with%20their%20employees (archived at https://perma.cc/2BR5-K8JP) [accessed 13 June 2022].

2. Finances Online (2021) 72 vital digital transformation statistics: 2021/2022 spending, adoption, analysis & data [Online] https://financesonline.com/digital-transformation-statistics (archived at https://perma.cc/Y3ML-6QAB) [accessed 13 June 2022].

3. Collins, K. (2019) Martech industry 2020: new report on budget, investment, skills, *ClickZ* [Online] www.clickz.com/martech-industry-2020-report/ (archived at https://perma.cc/MT89-VRYC) [accessed 13 June 2022].

4. OpenExo (2019) Global transformation ecosystem OpenExO announces ExO World Digital Summit [Online] www.prnewswire.com/news-releases/global-transformation-ecosystem-openexo-announces-exo-world-digital-summit-301029156.html (archived at https://perma.cc/L9LK-6UZL) [accessed 13 June 2022].

5. Schwager, A. and Meyer, C. (2007) Understanding customer experience, *Harvard Business Review* [Online] https://hbr.org/2007/02/understanding-customer-experience (archived at https://perma.cc/G45T-GWQB) [accessed 13 June 2022].

6. Salesforce.com – What is digital transformation? [Online] www.salesforce.com/products/platform/what-is-digital-transformation (archived at https://perma.cc/3TZK-GYME) [accessed 13 June 2022].

7. Zenithmedia.com – Digital advertising to exceed 60% of global ad spend in 2022 [Online] www.zenithmedia.com/

digital-advertising-to-exceed-60-of-global-adspend-in-2022 (archived at https://perma.cc/8GD2-5TZ7) [accessed 13 June 2022].

8. Contentmarketinginstitute.com – What is content marketing? [Online] https://contentmarketinginstitute.com/what-is-content-marketing (archived at https://perma.cc/QEJ4-JBUL) [accessed 13 June 2022].

9. Salesforce.com (2015) What is CRM? [Online] www.salesforce.com/crm/what-is-crm (archived at https://perma.cc/633D-XXP4) [accessed 13 June 2022].

10. Optimizely (2019) What is account-based marketing (ABM)? [Online] www.optimizely.com/optimization-glossary/account-based-marketing (archived at https://perma.cc/J3DE-9JPB) [accessed 13 June 2022].

11. Customer Data Platform Institute – What is a CDP? [Online] www.cdpinstitute.org/learning-center/what-is-a-cdp (archived at https://perma.cc/M7CU-XGRK) [accessed 13 June 2022].

12. Gartner.com – Integration Platform as a Service (iPaaS) [Online] www.gartner.com/en/information-technology/glossary/information-platform-as-a-service-ipaas (archived at https://perma.cc/H3H8-D635) [accessed 13 June 2022].

13. Productplan.com – What is Technical Debt? [Online] www.productplan.com/glossary/technical-debt (archived at https://perma.cc/WY72-2KA9) [accessed 13 June 2022].

14. Ikajo.com – What is Platform Integration? [Online] https://ikajo.com/glossary/platform-integration (archived at https://perma.cc/2E8F-C37D) [accessed 13 June 2022].

15. Sitecore.com – What is a CMS (Content Management System)? [Online] www.sitecore.com/knowledge-center/digital-marketing-resources/what-is-a-cms (archived at https://perma.cc/3GH5-YBAB) [accessed 13 June 2022].

16. Techtarget.com – CRM (customer relationship management) [Online] www.techtarget.com/

searchcustomerexperience/definition/CRM-customer-relationship-management (archived at https://perma.cc/9QXH-NSBE) [accessed 13 June 2022].

17. Mailchimp.com – Marketing analytics [Online] https://mailchimp.com/marketing-glossary/marketing-analytics (archived at https://perma.cc/VY92-T8YU) [accessed 13 June 2022].

18. 史蒂芬・柯維（Stephen R. Covey），顧淑馨譯，《與成功有約：高效能人士的七個習慣》（*The 7 Habits of Highly Effective People*），天下文化。

19. Productplan.com – What is Technical Debt? [Online] www.productplan.com/glossary/technical-debt (archived at https://perma.cc/WY72-2KA9) [accessed 13 June 2022].

20. Microsoft.com – How to introduce a learn-it-all culture in your business: 3 steps to success [Online] https://cloudblogs.microsoft.com/industry-blog/en-gb/cross-industry/2019/10/01/introduce-learn-it-all-culture (archived at https:// perma.cc/6SVF-MTV2) [accessed 13 June 2022].

21. Bank, C. (2014) Building Minimum Viable Products at Spotify [Online] https://speckyboy.com/building-minimum-viable-products-spotify (archived at https://perma.cc/3U3W-LQR5) [accessed 13 June 2022].

22. 柯林・布萊爾（Colin Bryar）、比爾・卡爾（Bill Carr），陳琇玲、廖月娟譯，《亞馬遜逆向工作法：揭密全球最大電商的經營思維》(*Working Backwards*），天下雜誌。

23. Smart, R. (2016) *The Agile Marketer: turning customer experience into your competitive advantage*, Hoboken, NJ, John Wiley & Sons.

新商業周刊叢書BW0818

Martech實戰聖經

不再浪費行銷預算！自有數據×精準投放的關鍵利器，為你找到真正客戶、獲取更高營收！

原文書名／The Martech Handbook: Build a Technology Stack to Attract and Retain Customers
作　　者／達雷爾・阿方索（Darrell Alfonso）
譯　　者／羅亞琪
企劃選書／黃鈺雯
責任編輯／黃鈺雯
編輯協力／蘇淑君
版　　權／吳亭儀、林易萱、江欣瑜、顏慧儀
行銷業務／林秀津、黃崇華、賴正祐、郭盈均

總 編 輯／陳美靜
總 經 理／彭之琬
事業群總經理／黃淑貞
發 行 人／何飛鵬
法律顧問／台英國際商務法律事務所
出　　版／商周出版　臺北市中山區民生東路二段141號9樓
電話：(02)2500-7008　傳真：(02)2500-7759
E-mail：bwp.service@cite.com.tw
發　　行／英屬蓋曼群島商家庭傳媒股份有限公司　城邦分公司
台北市104民生東路二段141號2樓
電話：(02)2500-0888　傳真：(02)2500-1938
讀者服務專線：0800-020-299　24小時傳真服務：(02)2517-0999
讀者服務信箱：service@readingclub.com.tw
劃撥帳號：19833503
戶名：英屬蓋曼群島商家庭傳媒股份有限公司城邦分公司
香港發行所／城邦(香港)出版集團有限公司
香港灣仔駱克道193號東超商業中心1樓
電話：(825)2508-6231　傳真：(852)2578-9337
E-mail：hkcite@biznetvigator.com
馬新發行所／城邦(馬新)出版集團
Cite (M) Sdn Bhd
41, Jalan Radin Anum, Bandar Baru Sri Petaling,
57000 Kuala Lumpur, Malaysia.
電話：(603)9057-8822　傳真：(603)9057-6622　email: cite@cite.com.my

國家圖書館出版品預行編目(CIP)數據

Martech實戰聖經：不再浪費行銷預算！自有數據X精準投放的關鍵利器，為你找到真正客戶、獲取更高營收！/達雷爾.阿方索(Darrell Alfonso)著；羅亞琪譯. -- 初版. -- 臺北市：商周出版：英屬蓋曼群島商家庭傳媒股份有限公司城邦分公司發行, 2023.03
面；　公分. --（新商業周刊叢書；BW0818）
譯自：The martech handbook : build a technology stack to attract and retain customers
ISBN 978-626-318-586-9（平裝）
1.CST: 行銷策略 2.CST: 行銷管理
496.5　　112000851

封面設計／盧卡斯工作室　內文設計暨排版／無私設計・洪偉傑　印　刷／韋懋實業有限公司
經 銷 商／聯合發行股份有限公司　電話：(02)2917-8022　傳真：(02) 2911-0053
地址：新北市231新店區寶橋路235巷6弄6號2樓

ISBN／978-626-318-586-9（紙本）　978-626-318-582-1（EPUB）
定價／390元（紙本）　270元（EPUB）

城邦讀書花園
www.cite.com.tw

2023年3月初版

商周出版

廣　告　回
北區郵政管理登記
台北廣字第000791
郵資已付，免貼郵

104台北市民生東路二段141號2樓

英屬蓋曼群島商家庭傳媒股份有限公司　城邦分公司

請沿虛線對摺，謝謝！

商周出版

書號：BW0818　**書名**：Martech實戰聖經　**編碼**：

請於此處用膠水黏貼

商周出版

讀者回函卡

感謝您購買我們出版的書籍！請費心填寫此回函卡，我們將不定期寄上城邦集團最新的出版訊息。

線上版讀者回函卡

姓名：＿＿＿＿＿＿＿＿ 性別：□男 □女

生日：西元＿＿＿＿年＿＿＿＿月＿＿＿＿日

地址：＿＿＿＿＿＿＿＿

聯絡電話：＿＿＿＿＿＿＿＿ 傳真：＿＿＿＿＿＿＿＿

E-mail：

學歷：□ 1. 小學 □ 2. 國中 □ 3. 高中 □ 4. 大學 □ 5. 研究所以上

職業：□ 1. 學生 □ 2. 軍公教 □ 3. 服務 □ 4. 金融 □ 5. 製造 □ 6. 資訊
□ 7. 傳播 □ 8. 自由業 □ 9. 農漁牧 □ 10. 家管 □ 11. 退休
□ 12. 其他＿＿＿＿＿＿＿＿

您從何種方式得知本書消息？
□ 1. 書店 □ 2. 網路 □ 3. 報紙 □ 4. 雜誌 □ 5. 廣播 □ 6. 電視
□ 7. 親友推薦 □ 8. 其他＿＿＿＿＿＿＿＿

您通常以何種方式購書？
□ 1. 書店 □ 2. 網路 □ 3. 傳真訂購 □ 4. 郵局劃撥 □ 5. 其他＿＿＿＿

您喜歡閱讀那些類別的書籍？
□ 1. 財經商業 □ 2. 自然科學 □ 3. 歷史 □ 4. 法律 □ 5. 文學
□ 6. 休閒旅遊 □ 7. 小說 □ 8. 人物傳記 □ 9. 生活、勵志 □ 10. 其他

對我們的建議：＿＿＿＿＿＿＿＿

【為提供訂購、行銷、客戶管理或其他合於營業登記項目或章程所定業務之目的，城邦出版人集團（即英屬蓋曼群島商家庭傳媒（股）公司城邦分公司、城邦文化事業（股）公司），於本集團之營運期間及地區內，將以電郵、傳真、電話、簡訊、郵寄或其他公告方式利用您提供之資料（資料類別：C001、C002、C003、C011 等）。利用對象除本集團外，亦可能包括相關服務的協力機構。如您有依個資法第三條或其他需服務之處，得致電本公司客服中心電話 02-25007718 請求協助。相關資料如為非必要項目，不提供亦不影響您的權益。】

1.C001 辨識個人者：如消費者之姓名、地址、電話、電子郵件等資訊。
2.C002 辨識財務者：如信用卡或轉帳帳戶資訊。
3.C003 政府資料中之辨識者：如身分證字號或護照號碼（外國人）。
4.C011 個人描述：如性別、國籍、出生年月日。

請於此處用膠水黏貼